중고등수학 용어사전

중고등수학 용어사전

최수일 · 김인경 · 주지훈 지음

VI아에드
ViaEducation

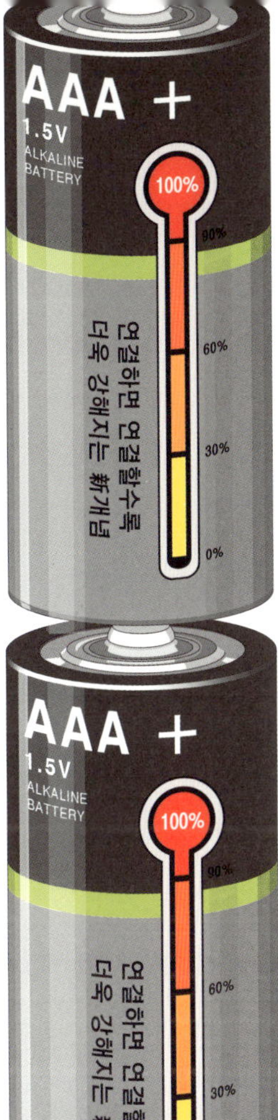

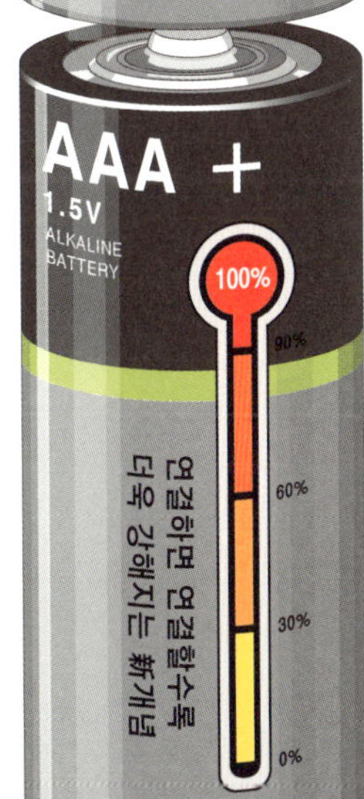

'수학 기초의 부족은 결국
용어의 뜻을 모르는 데서 비롯된다.'

『개념연결 초등수학 용어사전』에 이어 출간되는 이 책은 크게 두 가지 목적으로 기획되었습니다.

첫째, 수학 기초 개념이 부족한 중고등학생들이 언제든 찾아볼 수 있는 든든한 조력자를 마련하기 위함입니다. 수학 개념이 떠오르지 않을 때, 전문가의 도움을 즉각적으로 받기 어려운 상황에서도 언제든 펼쳐서 막힌 부분을 해결할 수 있는 책입니다.

둘째, 수준 차이가 존재하는 교실에서 선생님들이 겪는 수업의 어려움을 덜어드리기 위함입니다. 수학을 포기하려는 학생들에게 이 사전을 곁에 두고 모르는 개념을 스스로 찾도록 안내하면, 굳게 닫혔던 입을 열고 점차 수업에 적극적으로 참여하는 놀라운 변화를 이끌어낼 수 있습니다.

현장에서 수학에 자신이 없어 질문에 대답조차 망설이는 학생들을 볼 때면 안타깝기 그지없었습니다. 하지만 그렇게 위축되었던 아이들이 어느 날 갑자기 자신이 배운 수학을 설명하기 시작하는 순간이 있습니다. 바로 초등학교나 중학교 저학년 시절에 놓쳤던 수학 용어를 다시 찾아보고 그 뜻을 명확히 알게 되었을 때입니다.

수업에서도 학습 격차가 심한 상황을 피할 수는 없습니다. 교실 내 학습 격차를 해소하기 위해 학생들을 수준별로 나누어 지도하는 등 많은 시도가 있었지만, 근본적인 해결책이 되기는 어려웠습니다. 그런데 기초 개념이 부족한 학생에게 이전 학년에서 다룬 개념 중 오늘의 학습에 필요한 개념과 정의를 직접 찾아 연결하게 했더니, 기초 부족 현상이 해소되기 시작했고 시간이 지나자 정상적으로 수업에 참여하게 되었습니다.

『개념연결 중고등수학 용어사전』은 『개념연결 초등수학 용어사전』에 이어 중고등학생의 수학 기초학습을 돕는 필수 아이템입니다. 『개념연결 초등수학사전』, 『개념연결 중학수학사전』, 『개념연결 고등수학사전』과 함께 활용하면 더욱 큰 시너지를 경험할 수 있습니다.

개념 학습에서 가장 중요한 것은 각 개념의 '정의'입니다. 정의가 명확히 이해되면 거기서 성질을 유도하거나 증명할 수 있는 능력을 얻게 되고, 그 유도 과정이 곧 문제 풀이 과정으로 연결되는 신기한 경험을 할 수 있습니다.

문제를 풀어 답을 낼 줄 아는 학생 중에서도 정작 그 문제 풀이에 사용한 개념의 정의나 성질을 모르는 경우가 많습니다. 이는 수학 문제를 많이 풀면 된다는 '밑 빠진 독에 물 붓기'식의 암기형 학습에 익숙해졌기 때문입니다. 이렇게 공부하면 개념이 연결되지 않아, 공부할 내용이 많아지는 중학교, 고등학교에 진학하면 결국 수학 공부를 포기하게 됩니다. 이를 막기 위해서는 명확한 정의를 파악하는 용어사전의 활용이 필수적입니다.

『개념연결 중고등수학 용어사전』은 중학교 전 과정과 고등학교 공통수학 1·2, 그리고 일반선택 과목(대수, 미적분Ⅰ, 확률과 통계)의 필수 용어를 모두 담았을 뿐만 아니라 교육과정에 포함되지 않은 용어까지 필수 수학 용어 242개를 총망라했습니다. 핵심 설명과 이해를 돕는 그림, 그리고 예시를 통해 용어의 뜻을 먼저 자세히 알려주고, 현 개념을 중심으로 배경 개념과 미래 개념을 3단계 흐름도로 제시하여 맥락을 이해할 수 있도록 구조적인 이해를 이끌어내는 책입니다.

'수학 기초의 부족은 결국 용어의 뜻을 모르는 데서 비롯된다'라는 첫 문장처럼, 부디 많은 학생이 이 책을 통해 수학의 기초 개념을 튼튼히 확립하고, 수학과 친해지기를 바랍니다.

2026년 3월
저자를 대표하여
최수일 씀

1. 밑 빠진 독을 채우는 교과서 기반의 '명확한 정의'

- 수학 학습의 출발점인 용어의 정의를 교과서 기반으로
  정확하고 신뢰도 높게 담았습니다.
- 핵심적인 정의와 예시만을 간결하게 담아
  빠르고 정확한 파악이 가능합니다.
- 명확한 개념 이해를 통해 학생 스스로 수학적 성질을
  유도하고 증명할 수 있는 능력을 길러줍니다.

2. 단편적 암기를 뛰어넘는 '3단계 개념 연결'

- 수학 개념은 독립적으로 존재하지 않으므로,
  연결되고 확장되는 과정을 시각화하여 구조적 이해를 돕습니다.
- 배경 개념 → 현 개념 → 미래 개념의 3단계 연결을 통해,
  새로운 개념을 접해도 학습 부담이 늘지 않도록 설계하였습니다.

3. 중고 필수 수학 용어 242개 총망라

- 중학교, 고등학교 공통수학 1·2와
  일반선택 과목(대수, 미적분Ⅰ, 확률과 통계)의 필수 용어를
  모두 담았습니다.
- 각 용어마다 학년과 영역을 표기하여,
  현재 나의 위치와 앞으로 나아갈 방향을
  미리 조망할 수 있습니다.
- 영역과 학년을 관통하는 '입체적 구성'으로
  복습과 예습을 동시에 가능하게 구성하였습니다.

내 위치를 알려주는
학습 시점과 교과 영역이에요.

교과서 기반 핵심 정의를
한눈에 볼 수 있게
정리했어요.

헷갈리는 성질은
한눈에 들어오는
표로 정리했어요.

'배경 개념 - 현 개념 -
연결되는 미래 개념'을
3단계로 보여주어요.

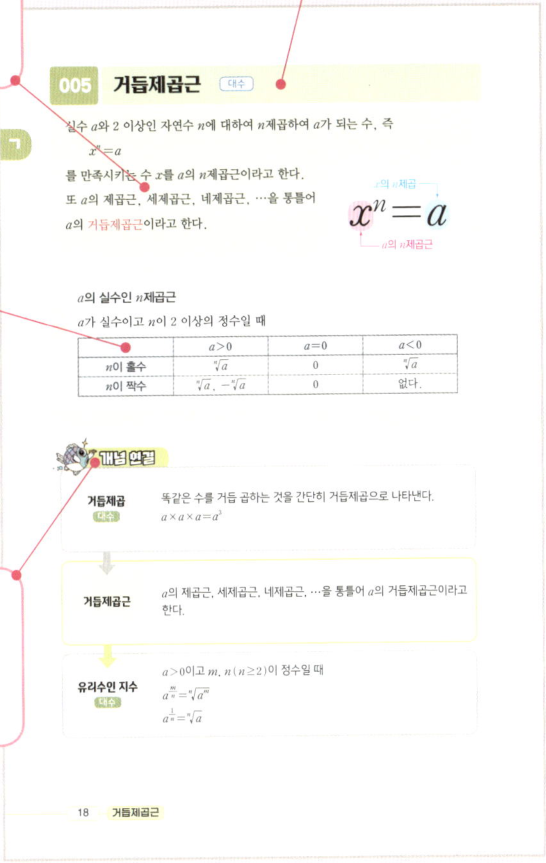

005 거듭제곱근 (대수)

ㄱ

실수 a와 2 이상인 자연수 n에 대하여 n제곱하여 a가 되는 수, 즉

$x^n = a$

를 만족시키는 수 x를 a의 n제곱근이라고 한다.
또 a의 제곱근, 세제곱근, 네제곱근, …을 통틀어 a의 거듭제곱근이라고 한다.

$x^n = a$ (x: a의 n제곱근, a: x의 n제곱)

a의 실수인 n제곱근

a가 실수이고 n이 2 이상의 정수일 때

	$a>0$	$a=0$	$a<0$
n이 홀수	$\sqrt[n]{a}$	0	$\sqrt[n]{a}$
n이 짝수	$\sqrt[n]{a}$, $-\sqrt[n]{a}$	0	없다.

개념 연결

거듭제곱 (대수)
똑같은 수를 거듭 곱하는 것을 간단히 거듭제곱으로 나타낸다.
$a \times a \times a = a^3$

거듭제곱근
a의 제곱근, 세제곱근, 네제곱근, …을 통틀어 a의 거듭제곱근이라고 한다.

유리수인 지수 (대수)
$a>0$이고 m, n ($n \geq 2$)이 정수일 때
$a^{\frac{m}{n}} = \sqrt[n]{a^m}$
$a^{\frac{1}{n}} = \sqrt[n]{a}$

18 거듭제곱근

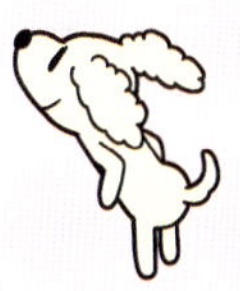

두 조건 p, q로 이루어진 명제 'p이면 q이다.'를 기호로 $p \longrightarrow q$와 같이 나타낸다. 이때 p를 가정, q를 결론이라고 한다.

명제 $p \longrightarrow q$에서 두 조건 p, q의 진리집합을 각각 P, Q라고 할 때,

① 명제 $p \longrightarrow q$가 참이면 $P \subset Q$이고, 거꾸로
$P \subset Q$이면 명제 $p \longrightarrow q$는 참이다.

② 명제 $p \longrightarrow q$가 거짓이면 $P \not\subset Q$이고, 거꾸로
$P \not\subset Q$이면 명제 $p \longrightarrow q$는 거짓이다.

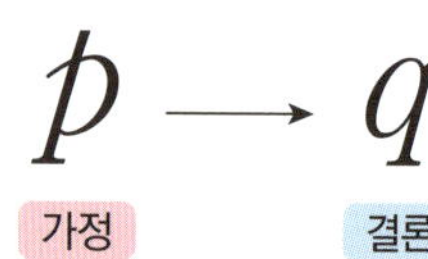

명제 $p \longrightarrow q$가 거짓임을 보일 때는 가정 p는 만족하지만 결론 q는 만족하지 않는 예가 하나라도 있음을 보이면 된다. 이를 **반례**라고 한다.

개념 연결

명제 공통수학2	참, 거짓을 명확하게 판별할 수 있는 문장이나 식
조건 공통수학2	변수의 값에 따라 참, 거짓을 판별할 수 있는 문장이나 식
가정, 결론	두 조건 p, q로 이루어진 명제 'p이면 q이다.'에서 p를 가정, q를 결론이라고 한다.

한 점 O에서 시작하는 두 반직선 OA, OB로 이루어진 도형을 각 AOB, 각 BOA라 하고, 이것을 기호로 ∠AOB 또는 ∠BOA와 같이 나타낸다. 또 각 AOB를 간단히 ∠O 또는 ∠a로 나타내기도 한다.

∠AOB에서 점 O를 **각의 꼭짓점**이라 하고, 두 반직선 OA, OB를 **각의 변**이라고 한다. 또 꼭짓점 O를 중심으로 변 OB가 변 OA까지 회전한 양을 **∠AOB의 크기**라고 한다. ∠AOB의 크기가 70°일 때, 이것을 ∠AOB=70°와 같이 나타낸다. 즉, ∠AOB는 도형으로서 각을 나타내기도 하고, 각의 크기를 나타내기도 한다.

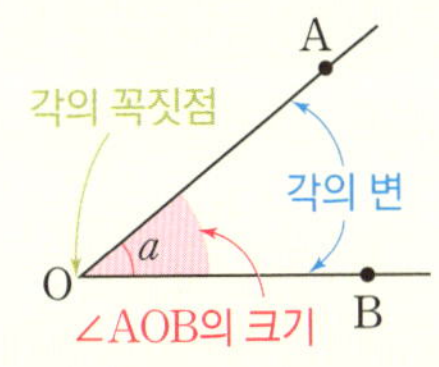

∠AOB는 보통 크기가 작은 쪽의 각을 말한다.

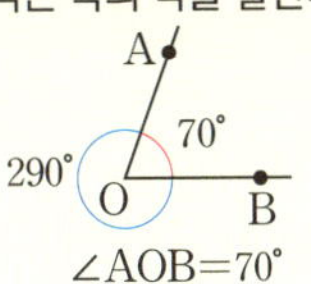

반직선 초등	한 점 A에서 시작하여 점 B쪽으로 한없이 곧게 뻗은 선을 반직선 AB 라고 한다.

각	한 점 O에서 시작하는 두 반직선 OA, OB로 이루어진 도형을 각 AOB라 한다.

일반각 대수	∠XOP의 크기 중에서 하나를 a°라 할 때, 동경 OP가 나타내는 일반각의 크기는 $360°n + a°$ (n은 정수)로 나타낼 수 있다.

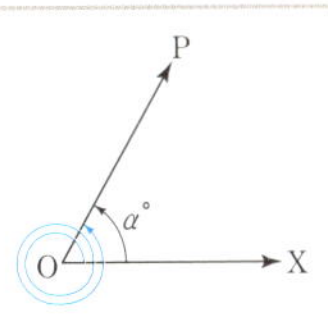

밑면이 다각형이고 옆면이 모두 삼각형인 다면체를 각뿔이라고한다. 각뿔을 밑면에 평행한 평면으로 자를 때 생기는 두 다면체 중에서 각뿔이 아닌 쪽의 다면체를 각뿔대라고 한다.

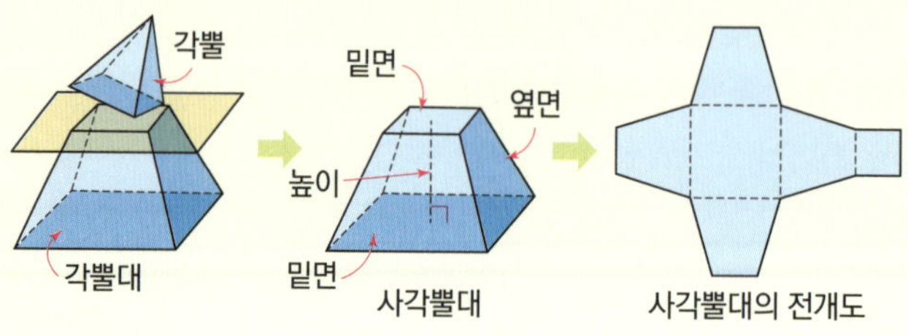

각뿔	밑면이 다각형이고 옆면이 모두 삼각형인 다면체
각뿔대	각뿔을 밑면에 평행한 평면으로 자를 때 생기는 두 다면체 중 각뿔이 아닌 쪽의 다면체
원뿔대 중1	원뿔을 밑면에 평행한 평면으로 자를 때 생기는 두 입체도형 중 원뿔이 아닌 쪽의 입체도형

중1

2를 두 번, 세 번, 네 번, … 곱한 수를 각각

$$2\times2=2^2, \quad 2\times2\times2=2^3, \quad 2\times2\times2\times2=2^4, \quad \cdots$$

　　　2번　　　　　　3번　　　　　　　4번

과 같이 나타낸다.

이때 2^2, 2^3, 2^4, …을 각각 2의 제곱, 2의 세제곱, 2의 네제곱, …이라 읽고,

2^2, 2^3, 2^4, …을 통틀어 2의 거듭제곱이라고 한다.

대수

실수 a를 n번 곱한 것을 a의 n제곱이라 하고, 기호로 a^n과 같이 나타낸다.

또 a, a^2, a^3, $\cdots$, a^n, …을 통틀어 a의 거듭제곱이라 한다.

개념 연결

곱셈
초등

똑같은 수를 거듭 더하는 것을 간단히 곱셈으로 나타낸다.
$3+3+3+3=3\times4$

거듭제곱

똑같은 수를 거듭 곱하는 것을 간단히 거듭제곱으로 나타낸다.
$3\times3\times3\times3=3^4$

지수법칙
중2

m, n이 자연수일 때
$a^m\times a^n=a^{m+n}$
$(a^m)^n=a^{mn}$

실수 a와 2 이상인 자연수 n에 대하여 n제곱하여 a가 되는 수, 즉

$$x^n = a$$

를 만족시키는 수 x를 a의 n제곱근이라고 한다.
또 a의 제곱근, 세제곱근, 네제곱근, …을 통틀어
a의 거듭제곱근이라고 한다.

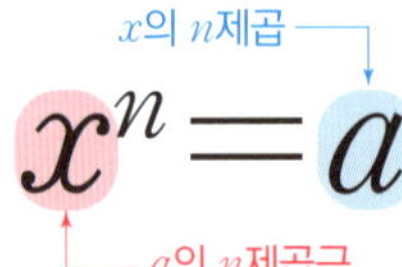

a의 실수인 n제곱근

a가 실수이고 n이 2 이상의 정수일 때

	$a > 0$	$a = 0$	$a < 0$
n이 홀수	$\sqrt[n]{a}$	0	$\sqrt[n]{a}$
n이 짝수	$\sqrt[n]{a}$, $-\sqrt[n]{a}$	0	없다.

개념 연결

거듭제곱　대수
똑같은 수를 거듭 곱하는 것을 간단히 거듭제곱으로 나타낸다.
$a \times a \times a = a^3$

거듭제곱근
a의 제곱근, 세제곱근, 네제곱근, …을 통틀어 a의 거듭제곱근이라고 한다.

유리수인 지수　대수
$a > 0$이고 m, $n\,(n \geq 2)$이 정수일 때
$$a^{\frac{m}{n}} = \sqrt[n]{a^m}$$
$$a^{\frac{1}{n}} = \sqrt[n]{a}$$

세 다항식 A, B, C에 대하여

$$(A+B)+C=A+(B+C), \ (AB)C=A(BC)$$

가 성립하고, 이를 각각 덧셈과 곱셈에 대한 결합법칙이라고 한다.

다항식에서는 덧셈과 곱셈에 대한 결합법칙이 성립하므로

$(A+B)+C$, $A+(B+C)$를 간단히 $A+B+C$로, $(AB)C$, $A(BC)$를 간단히 ABC로 나타내기도 한다.

결합법칙(실수) 중1	세 수 a,b,c에 대하여 $$(a+b)+c=a+(b+c), \ (a\times b)\times c=a\times(b\times c)$$ 가 성립하고, 이를 각각 덧셈과 곱셈에 대한 결합법칙이라고 한다.
결합법칙(다항식)	세 다항식 A,B,C에 대하여 $$(A+B)+C=A+(B+C), \ (AB)C=A(BC)$$ 가 성립하고, 이를 각각 덧셈과 곱셈에 대한 결합법칙이라고 한다.
결합법칙(집합) 공통수학2	세 집합 A,B,C에 대하여 $$(A\cup B)\cup C=A\cup(B\cup C), \ (A\cap B)\cap C=A\cap(B\cap C)$$ 가 성립하고, 이를 각각 합집합과 교집합에 대한 결합법칙이라고 한다.

세 수 a, b, c에 대하여

$$(a+b)+c=a+(b+c)$$

와 같이 앞 또는 뒤의 두 수를 먼저 더한 수에 나머지 수를 더해도 그 결과는 같다. 이것을 덧셈의 결합법칙이라고 한다.

또한

$$(a\times b)\times c=a\times(b\times c)$$

와 같이 앞 또는 뒤의 두 수를 먼저 곱한 수에 나머지 수를 곱해도 그 결과는 같다. 이것을 곱셈의 결합법칙이라고 한다.

교환법칙(실수) 중1

두 수 a, b에 대하여
$$a+b=b+a, \ a\times b=b\times a$$
가 성립하고, 이를 각각 덧셈과 곱셈에 대한 교환법칙이라고 한다.

결합법칙(실수)

세 수 a, b, c에 대하여
$$(a+b)+c=a+(b+c), \ (a\times b)\times c=a\times(b\times c)$$
가 성립하고, 이를 각각 덧셈과 곱셈에 대한 결합법칙이라고 한다.

결합법칙(다항식) 공통수학1

세 다항식 A, B, C에 대하여
$$(A+B)+C=A+(B+C), \ (AB)C=A(BC)$$
가 성립하고, 이를 각각 덧셈과 곱셈에 대한 결합법칙이라고 한다.

세 집합 A, B, C에 대하여

$$(A \cup B) \cup C = A \cup (B \cup C), \quad (A \cap B) \cap C = A \cap (B \cap C)$$

가 성립하고, 이를 각각 합집합과 교집합에 대한 결합법칙이라고 한다.

결합법칙이 성립하므로 $(A \cup B) \cup C$, $(A \cap B) \cap C$를 각각 $A \cup B \cup C$,

$A \cap B \cap C$로 나타내기도 한다.

결합법칙(실수)
〔중1〕

세 수 a, b, c에 대하여
$$(a+b)+c = a+(b+c), \quad (a \times b) \times c = a \times (b \times c)$$
가 성립하고, 이를 각각 덧셈과 곱셈에 대한 결합법칙이라고 한다.

결합법칙(다항식)
〔공통수학1〕

세 다항식 A, B, C에 대하여
$$(A+B)+C = A+(B+C), \quad (AB)C = A(BC)$$
가 성립하고, 이를 각각 덧셈과 곱셈에 대한 결합법칙이라고 한다.

결합법칙(집합)

세 집합 A, B, C에 대하여
$$(A \cup B) \cup C = A \cup (B \cup C), \quad (A \cap B) \cap C = A \cap (B \cap C)$$
가 성립하고, 이를 각각 합집합과 교집합에 대한 결합법칙이라고 한다.

009 경우의 수 중2

주사위를 던지거나 가위바위보를 하는 경우와 같이 같은 조건에서 반복할 수 있는 실험이나 관찰에서 나타나는 결과를 **사건**이라고 한다. 그리고 어떤 사건이 일어나는 모든 가짓수를 그 사건의 경우의 수라고 한다.

사건	경우	경우의 수
짝수의 눈이 나온다.		3
5 이상의 눈이 나온다.		2

개념 연결

사건 중2
같은 조건에서 반복할 수 있는 실험이나 관찰에서 나타나는 결과를 사건이라고 한다.

경우의 수
어떤 사건이 일어나는 모든 가짓수를 그 사건의 경우의 수라고 한다.

합의 법칙 공통수학1
동시에 일어나지 않는 두 사건 A, B가 일어나는 경우의 수가 각각 m, n일 때, 사건 A 또는 사건 B가 일어나는 경우의 수는 $m+n$이다.

010 계승 〔공통수학1〕

1부터 n까지의 모든 자연수를 차례로 곱한 것을 n의 계승이라 하고, 기호로 $n!$ 과 같이 나타낸다.

$$n! = n(n-1)(n-2) \times \cdots \times 3 \times 2 \times 1$$

기호 $n!$은 'n의 계승' 또는 'n factorial'이라고 읽는다.

개념 연결

계승
1부터 n까지의 모든 자연수를 차례로 곱한 것을 n의 계승이라 한다.

순열의 수 〔공통수학1〕
서로 다른 n개에서 r개를 뽑는 순열의 수는
$$_n\mathrm{P}_r = \frac{n!}{(n-r)!}$$

조합의 수 〔공통수학1〕
서로 다른 n개에서 r개를 뽑는 조합의 수는
$$_n\mathrm{C}_r = \frac{n!}{r!(n-r)!}$$

011 공집합, 유한집합, 무한집합 공통수학2

원소가 하나도 없는 집합을 공집합이라 하고, 기호로 $\varnothing$과 같이 나타낸다. 이때 $n(\varnothing)=0$이다.

원소가 유한개인 집합을 유한집합이라고 한다. 공집합은 유한집합으로 생각한다. 한편 원소가 무한히 많은 집합을 무한집합이라고 한다.

집합
공통수학2

어떤 조건에 의하여 그 대상을 분명히 정할 수 있을 때, 그 대상들의 모임을 집합이라 한다.

공집합, 유한집합, 무한집합

원소가 하나도 없는 집합을 공집합, 원소가 유한개인 집합을 유한집합, 원소가 무한히 많은 집합을 무한집합이라고 한다.

부분집합
공통수학2

두 집합 A, B에 대하여 A의 모든 원소가 B에 속할 때, A를 B의 부분집합이라 하고 기호로 $A \subset B$와 같이 나타낸다.

 공집합 유한집합 무한집합

두 직선이 한 점에서 만날 때 생기는 네 각 $\angle a$, $\angle b$, $\angle c$, $\angle d$를 두 직선의 교각이라고 한다. 이때 $\angle a$와 $\angle c$, $\angle b$와 $\angle d$와 같이 서로 마주 보는 각을 맞꼭지각이라고 한다.

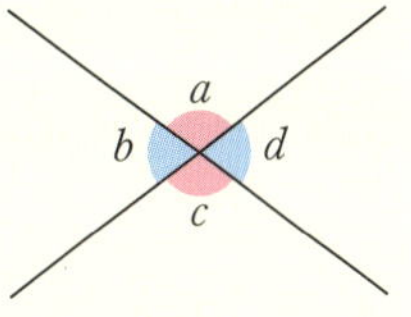

맞꼭지각의 성질

맞꼭지각의 크기는 서로 같다.

교각	두 직선이 한 점에서 만날 때 만들어지는 네 개의 각을 두 직선의 교각이라고 한다.
맞꼭지각	두 직선이 한 점에서 만날 때 만들어지는 네 개의 각 중에서 서로 마주 보고 있는 두 각을 맞꼭지각이라고 한다.
직교 중1	두 직선의 교각이 직각일 때, 두 직선은 직교한다고 한다. 직교하는 두 직선은 서로 수직이고 한 직선은 다른 직선의 수선이다.

선과 선 또는 선과 면이 만나서 생기는 점을 교점, 면과 면이 만나서 생기는 선을
교선이라고 한다.

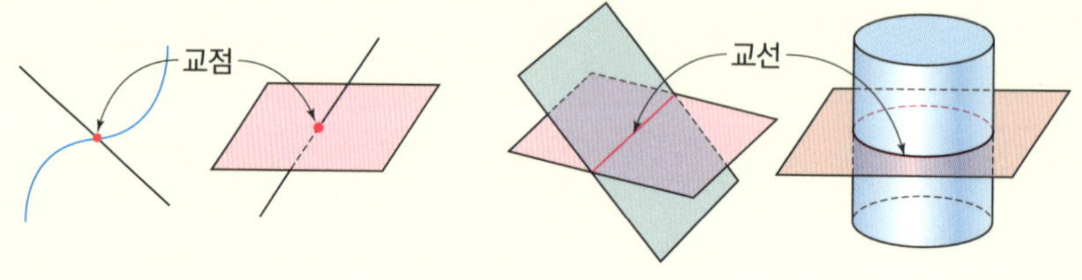

교점, 교선	선과 선 또는 선과 면이 만나서 생기는 점을 교점, 면과 면이 만나서 생기는 선을 교선이라고 한다.
교각 중1	두 직선이 한 점에서 만날 때 만들어지는 네 개의 각을 두 직선의 교각이라고 한다.
직교 중1	두 직선의 교각이 직각일 때, 두 직선은 직교한다고 한다. 직교하는 두 직선은 서로 수직이고 한 직선은 다른 직선의 수선이다.

014 교집합 공통수학2

두 집합 A, B에 대하여 A에도 속하고 B에도 속하는 모든 원소로 이루어진 집합을 A와 B의 교집합이라 하고, 기호로 $A \cap B$와 같이 나타낸다.

두 집합 A와 B의 교집합을 조건제시법으로 나타내면 다음과 같다.

$$A \cap B = \{x \,|\, x \in A \text{ 그리고 } x \in B\}$$

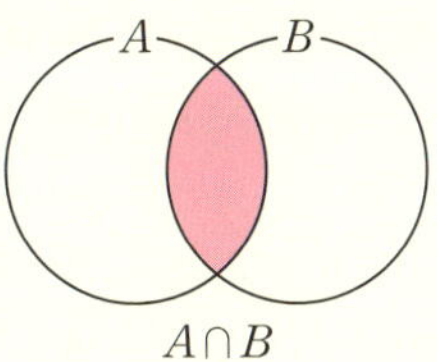

개념 연결

합집합
공통수학2

두 집합 A, B에 대하여 A에 속하거나 B에 속하는 모든 원소로 이루어진 집합을 A와 B의 합집합이라 한다.

교집합

두 집합 A, B에 대하여 A에도 속하고 B에도 속하는 모든 원소로 이루어진 집합을 A와 B의 교집합이라 한다.

여집합
공통수학2

전체집합 U의 부분집합 A에 대하여 U의 원소 중에서 A에 속하지 않는 모든 원소로 이루어진 집합을 U에 대한 A의 여집합이라 한다.

두 다항식 A, B에 대하여

$$A+B=B+A, \quad AB=BA$$

가 성립하고, 이를 각각 덧셈과 곱셈에 대한 교환법칙이라고 한다.

교환법칙(다항식)

다항식의 덧셈과 곱셈에서도 수와 마찬가지로 교환법칙이 성립한다.
두 다항식 A, B에 대하여
$$A+B=B+A, \quad AB=BA$$

결합법칙(다항식)
공통수학2

다항식의 덧셈과 곱셈에서도 수와 마찬가지로 결합법칙이 성립한다.
세 다항식 A, B, C에 대하여
$$(A+B)+C=A+(B+C), \quad (AB)C=A(BC)$$

분배법칙(다항식)
공통수학2

다항식의 연산에서도 수와 마찬가지로 덧셈에 대한 곱셈의 분배법칙이 성립한다.
세 다항식 A, B, C에 대하여
$$A(B+C)=AB+AC, \quad (A+B)C=AC+BC$$

두 수 a, b에 대하여

$$a+b=b+a$$

와 같이 두 수의 순서를 바꾸어 더해도 그 결과는 같다. 이것을 덧셈에 대한 교환법칙이라고 한다.

또한,

$$a\times b=b\times a$$

와 같이 두 수의 순서를 바꾸어 곱해도 그 결과는 같다. 이것을 곱셈에 대한 교환법칙이라고 한다.

교환법칙(실수)	두 수 a, b에 대하여 $$a+b=b+a,\ a\times b=b\times a$$ 가 성립하고, 이를 각각 덧셈과 곱셈에 대한 교환법칙이라고 한다.
결합법칙(실수) 중1	세 수 a, b, c에 대하여 $$(a+b)+c=a+(b+c),\ (a\times b)\times c=a\times(b\times c)$$ 가 성립하고, 이를 각각 덧셈과 곱셈에 대한 결합법칙이라고 한다.
분배법칙(실수) 중1	세 수 a, b, c에 대하여 $$a(b+c)=ab+ac,\ (a+b)c=ac+bc$$ 가 성립하고, 이를 덧셈에 대한 곱셈의 분배법칙이라고 한다.

교환법칙(집합) 공통수학2

두 집합 A, B에 대하여

$$A \cup B = B \cup A, \quad A \cap B = B \cap A$$

가 성립하고, 이를 각각 합집합과 교집합에 대한 교환법칙이라고 한다.

교환법칙(집합)	두 집합 A, B에 대하여 $$A \cup B = B \cup A, \quad A \cap B = B \cap A$$ 가 성립하고, 이를 각각 합집합과 교집합에 대한 교환법칙이라고 한다.
결합법칙(집합) 공통수학2	세 집합 A, B, C에 대하여 $$(A \cup B) \cup C = A \cup (B \cup C), \quad (A \cap B) \cap C = A \cap (B \cap C)$$ 가 성립하고, 이를 각각 합집합과 교집합에 대한 결합법칙이라고 한다.
분배법칙(집합) 공통수학2	세 집합 A, B, C에 대하여 $$A \cap (B \cup C) = (A \cap B) \cup (A \cap C),$$ $$A \cup (B \cap C) = (A \cup B) \cap (A \cup C)$$ 가 성립하고, 이를 집합의 연산에 대한 분배법칙이라고 한다.

두 실수 a, $b\,(a<b)$에 대하여 집합

$\{x\,|\,a<x<b\}$, $\{x\,|\,a\leq x\leq b\}$, $\{x\,|\,a<x\leq b\}$, $\{x\,|\,a\leq x<b\}$를 구간이라 하고,

기호로 각각 $(a,\,b)$, $[a,\,b]$, $(a,\,b]$, $[a,\,b)$와 같이 나타낸다.

이때 $(a,\,b)$를 **열린구간**, $[a,\,b]$를 **닫힌구간**이라 하고, $(a,\,b]$와 $[a,\,b)$를 **반열린구간** 또는 **반닫힌구간**이라고 한다.

또 실수 a에 대하여 집합

$\{x\,|\,x>a\}$, $\{x\,|\,x\geq a\}$, $\{x\,|\,x<a\}$, $\{x\,|\,x\leq a\}$도 구간이라 하고, 기호로 각각 $(a,\,\infty)$, $[a,\,\infty)$, $(-\infty,\,a)$, $(-\infty,\,a]$와 같이 나타낸다.

특히 실수 전체의 집합도 구간이며 기호로 $(-\infty,\,\infty)$와 같이 나타낸다.

구간	두 실수 a, $b\,(a<b)$에 대하여 $\{x\,|\,a<x<b\}$, $\{x\,|\,a\leq x\leq b\}$, $\{x\,|\,a<x\leq b\}$, $\{x\,|\,a\leq x<b\}$를 구간이라 하며 기호로 각각 (a,b), $[a,b]$, $(a,b]$, $[a,b)$와 같이 나타낸다.
연속함수 미적분 I	함수 $f(x)$가 어떤 구간에 속하는 모든 실수에서 연속일 때, $f(x)$는 그 구간에서 연속함수라고 한다.
연속함수의 성질 미적분 I	두 함수 $f(x)$, $g(x)$가 $x=a$에서 연속이면 다음 함수도 $x=a$에서 연속이다 (c는 실수). $cf(x),\ f(x)\pm g(x),\ f(x)g(x),\ \dfrac{f(x)}{g(x)}$ (단, $g(a)\neq 0$)

어떤 명제를 증명하는 과정에서 주어진 명제의 부정이 참이라고 가정할 때, 이미 알려진 사실에 모순됨을 보여서 명제가 참임을 증명하는 방법을 **귀류법**이라고 한다.

명제를 직접 증명하기 어려울 때, 귀류법을 이용하여 증명할 수 있다.

개념 연결

증명 중2

이미 알려진 사실이나 성질을 이용하여 명제가 참임을 설명하는 것을 증명이라고 한다.

대우를 이용한 증명 공통수학2

명제 $p \longrightarrow q$가 참이면 그 대우 $\sim q \longrightarrow \sim p$도 참이므로 어떤 명제가 참임을 증명할 때는 그 대우가 참임을 증명해도 된다.

귀류법

어떤 명제를 증명하는 과정에서 주어진 명제의 부정이 참이라고 가정할 때, 이미 알려진 사실에 모순됨을 보여서 명제가 참임을 증명하는 방법을 귀류법이라고 한다.

함수 $f(x)$에서 $x=a$를 포함하는 어떤 열린구간에 속하는 모든 x에 대하여 $f(x) \leq f(a)$이면 함수 $f(x)$는 $x=a$에서 **극대**라 하고, 그때의 함숫값 $f(a)$를 **극댓값**이라고 한다.
극댓값과 극솟값을 통틀어 **극값**이라고 한다.

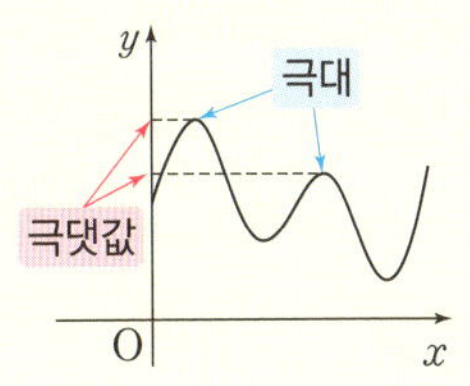

개념 연결

최댓값, 최솟값
중3

어떤 함수의 함숫값 중에서 가장 큰 값을 그 함수의 최댓값, 가장 작은 값을 그 함수의 최솟값이라고 한다.

극댓값

함수 $f(x)$에서 $x=a$를 포함하는 어떤 열린구간에 속하는 모든 x에 대하여 $f(x) \leq f(a)$일 때 함숫값 $f(a)$를 극댓값이라고 한다.

극솟값
미적분 I

함수 $f(x)$에서 $x=a$를 포함하는 어떤 열린구간에 속하는 모든 x에 대하여 $f(x) \geq f(a)$일 때 함숫값 $f(a)$를 극솟값이라고 한다.

$x=a$를 포함하는 어떤 열린구간에 속하는 모든 x에 대하여 $f(x)\geq f(a)$이면 함수 $f(x)$는 $x=a$에서 극소라 하고, 그때의 함숫값 $f(a)$를 극솟값이라고 한다. 극댓값과 극솟값을 통틀어 극값이라고 한다.

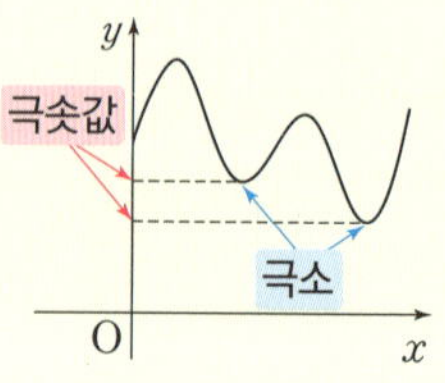

개념 연결

최댓값, 최솟값 　중3
어떤 함수의 함숫값 중에서 가장 큰 값을 그 함수의 최댓값, 가장 작은 값을 그 함수의 최솟값이라고 한다.

극댓값 　미적분 I
함수 $f(x)$에서 $x=a$를 포함하는 어떤 열린구간에 속하는 모든 x에 대하여 $f(x)\leq f(a)$일 때 함숫값 $f(a)$를 극댓값이라고 한다.

극솟값
함수 $f(x)$에서 $x=a$를 포함하는 어떤 열린구간에 속하는 모든 x에 대하여 $f(x)\geq f(a)$일 때 함숫값 $f(a)$를 극솟값이라고 한다.

함수 $f(x)$에서 x의 값이 a가 아니면서 a에 한없이 가까워질 때, $f(x)$의 값이 일정한 값 α에 한없이 가까워지면 함수 $f(x)$는 α에 **수렴**한다고 한다. 이때 α를 $x=a$에서 함수 $f(x)$의 극한값 또는 극한이라 하고, 기호로 $\lim\limits_{x \to a} f(x) = \alpha$ 또는 $x \to a$일 때, $f(x) \to \alpha$와 같이 나타낸다.

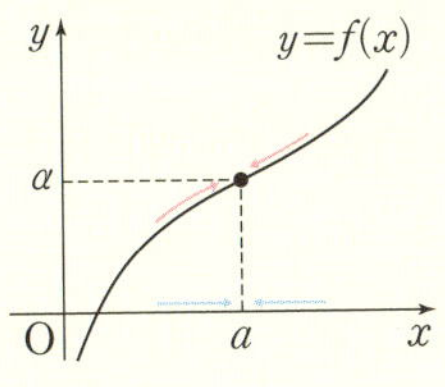

개념 연결

극한, 극한값

함수 $f(x)$에서 x의 값이 a에 한없이 가까워질 때, $f(x)$의 값이 일정한 값 α에 한없이 가까워지면 α를 $x=a$에서 함수 $f(x)$의 극한값 또는 극한이라 한다.

무한대 미적분 I

x의 값이 한없이 커지는 상태를 기호 ∞를 사용하여 $x \to \infty$와 같이 나타내고 ∞를 무한대라고 읽는다.

좌극한 미적분 I

함수 $f(x)$에서 x의 값이 a보다 작으면서 a에 한없이 가까워질 때, $f(x)$의 값이 일정한 값 L에 한없이 가까워지면 L을 $x=a$에서 함수 $f(x)$의 좌극한이라 한다.

확률적으로 일어나는 사건에서 평균적으로 기대되는 값을 기댓값이라고 한다.
이산확률변수 X의 확률질량함수가 $\mathrm{P}(X=x_i)=p_i\,(i=1,\ 2,\ 3,\ \cdots,\ n)$일 때,
X의 기댓값(평균) $\mathrm{E}(X)$는 $\mathrm{E}(X)=m=x_1p_1+x_2p_2+\cdots+x_np_n$이다.
확률변수 X가 이항분포 $\mathrm{B}(n,\ p)$를 따를 때 $\mathrm{E}(X)=np$이다.

평균
초등

전체를 고르게 만든 값을 평균이라고 한다.

기댓값

확률적으로 일어나는 사건에서 평균적으로 기대되는 값을 기댓값이라고 한다.

이산확률변수의 기댓값

이산확률변수 X의 확률질량함수가
$\mathrm{P}(X=x_i)=p_i$일 때, X의 기댓값(평균) $\mathrm{E}(X)$는
$\mathrm{E}(X)=\displaystyle\sum_{i=1}^{n}x_ip_i$이다.

일차함수의 그래프에서 x의 값의 증가량에 대한 y의 값의 증가량의 비율을 **기울기**라고 한다. 일차함수 $y=ax+b$에서 기울기는 항상 일정하고, 그 값은 x의 계수 a와 같다.

$$일차함수\ y=ax+b의\ 그래프에서$$

$$(기울기)=\frac{(y의\ 값의\ 증가량)}{(x의\ 값의\ 증가량)}=a$$

일차함수의 그래프 중2
일차함수 $y=ax+b$의 그래프는 직선이다.

x절편, y절편 중2
함수의 그래프가 x축과 만나는 점의 x좌표를 그 그래프의 x절편이라 하고, y축과 만나는 점의 y좌표를 그 그래프의 y절편이라고 한다.

기울기
일차함수의 그래프에서 x의 값의 증가량에 대한 y의 값의 증가량의 비율을 기울기라고 한다.

공간에서 두 직선이 서로 만나지도 않고 평행하지도 않은 경우 두 직선은 **꼬인 위치**에 있다고 한다. 꼬인 위치에 있는 두 직선은 한 평면 위에 있지 않다.

공간에서 두 직선의 위치 관계

❶ 한 점에서 만난다.   ❷ 일치한다.   ❸ 평행하다.   ❹ 꼬인 위치에 있다.

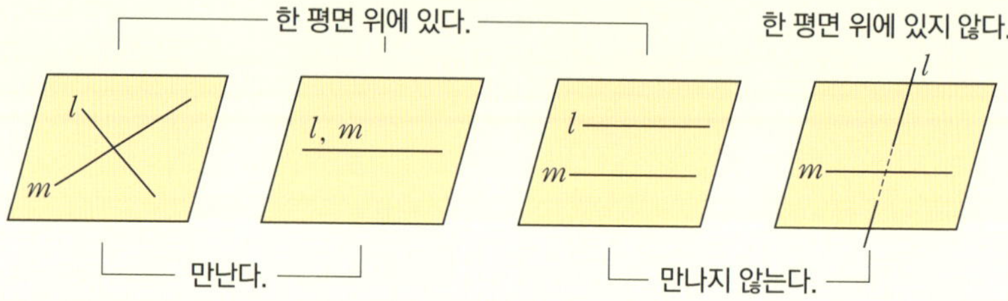

평행
초등

한 평면 위에서 서로 만나지 않는 두 직선을 서로 평행하다고 한다.

꼬인 위치

공간에서 두 직선이 서로 만나지도 않고 평행하지도 않은 경우 두 직선은 꼬인 위치에 있다고 한다.

직선과 평면의 평행
중1

공간에서 직선 l과 평면 P가 만나지 않을 때, 직선 l과 평면 P는 서로 평행하다고 하고 기호로 $l /\!/ P$와 같이 나타낸다.

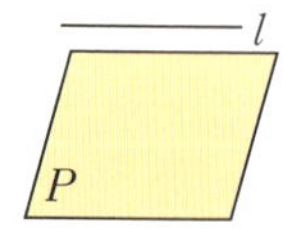

다항식 $P(x)$를 일차식 $x-\alpha$로 나누었을 때 몫을 $Q(x)$, 나머지를 R이라고 하면 $P(x)=(x-\alpha)Q(x)+R$(R는 상수)이다.

이 항등식의 양변에 $x=\alpha$를 대입하면 $P(\alpha)=R$이다.

이것을 나머지정리라고 한다.

| 항등식 중1 | 문자를 포함하는 등식에서 그 문자에 어떤 값을 대입해도 항상 성립하는 등식을 그 문자에 대한 항등식이라 한다. |

| 나머지정리 | 다항식 $P(x)$를 일차식 $x-\alpha$로 나눈 나머지를 R이라고 하면 $R=P(\alpha)$이다. |

| 인수정리 공통수학1 | 다항식 $P(x)$에 대하여
① $P(\alpha)=0$이면 $P(x)$는 일차식 $x-\alpha$로 나누어떨어진다.
② $P(x)$가 일차식 $x-\alpha$로 나누어떨어지면 $P(\alpha)=0$이다. |

다각형에서 이웃한 두 변으로 이루어진 내부의 각을 다각형의 내각이라 하고, 이웃한 두 변에서 한 변과 다른 변의 연장선으로 이루어진 각을 그 내각의 외각이라고 한다.

다각형의 한 꼭짓점에서 내각과 외각의 크기의 합은 $180°$이다.

n각형은 $(n-2)$개의 삼각형으로 나누어지므로 n각형의 내각의 크기의 합은 $180° \times (n-2)$이다.

모든 다각형의 외각의 크기의 합은 $360°$이다.

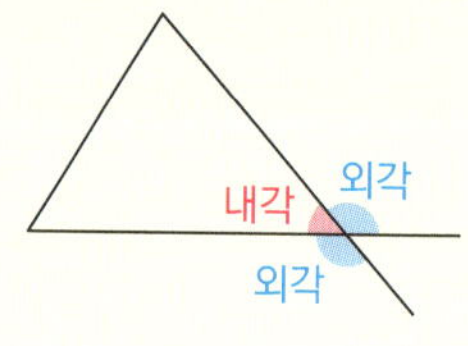

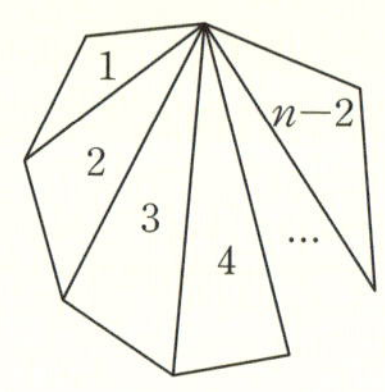

개념 연결

삼각형의 세 각의 크기의 합 〔중1〕

삼각형의 세 각의 크기의 합은 $180°$이다.

내각, 외각

다각형에서 이웃한 두 변으로 이루어진 내부의 각을 다각형의 내각이라 하고, 이웃한 두 변에서 한 변과 다른 변의 연장선으로 이루어진 각을 그 내각의 외각이라고 한다.

삼각형의 내각과 외각 사이의 관계 〔중1〕

삼각형의 한 외각의 크기는 그와 이웃하지 않은 두 내각의 크기의 합과 같다.

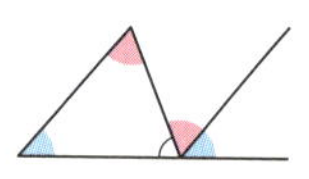

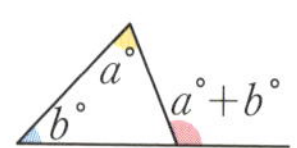

다항식을 정리할 때, 한 문자에 대하여 차수가 높은 항부터 낮은 항의 순서로 나타내는 것을 내림차순으로 정리한다고 하고, 반대로 차수가 낮은 항부터 높은 항의 순서로 나타내는 것을 오름차순으로 정리한다고 한다.

예를 들어, 다항식 $2x^2+y^2+xy^2-2x+1$을 x에 대하여 내림차순으로 정리하면 $2x^2+(y^2-2)x+y^2+1$이고, x에 대하여 오름차순으로 정리하면 $y^2+1+(y^2-2)x+2x^2$이다.

개념 연결

차수 중1	어떤 항에서 문자가 곱해진 개수를 그 문자에 대한 항의 차수라고 한다.
동류항 중1	$3x$와 $5x$와 같이 문자가 같고 차수도 같은 항을 동류항이라고 한다. 특히 상수항은 모두 동류항이다.
내림차순	다항식을 정리할 때, 한 문자에 대하여 차수가 높은 항부터 낮은 항의 순서로 나타내는 것을 내림차순으로 정리한다고 한다.

선분 AB 위의 점 P에 대하여 $\overline{AP} : \overline{PB} = m : n\,(m>0,\ n>0)$일 때, 점 P는 선분 AB를 $m : n$으로 내분한다고 하고, 점 P를 선분 AB의 내분점이라고 한다.

	그림	내분점 P의 좌표
수직선		$\dfrac{mx_2+nx_1}{m+n}$
좌표평면		$\left(\dfrac{mx_2+nx_1}{m+n},\ \dfrac{my_2+ny_1}{m+n}\right)$

개념 연결

비 초등	두 수를 나눗셈으로 비교하기 위해 기호 :를 사용하여 나타낸 것을 비라 한다.
내분, 내분점	선분 AB 위의 점 P에 대하여 $\overline{AP} : \overline{PB} = m : n\,(m>0,\ n>0)$일 때, 점 P는 선분 AB를 $m : n$으로 내분한다고 하고, 점 P를 선분 AB의 내분점이라고 한다.
외분, 외분점 공통수학2	선분 AB의 연장선 위의 점 Q에 대하여 $\overline{AQ} : \overline{BQ} = m : n\,(m>0,\ n>0,\ m\neq n)$일 때, 점 Q는 선분 AB를 $m : n$으로 외분한다고 하고, 점 Q를 선분 AB의 외분점이라고 한다.

삼각형의 세 내각의 이등분선은 한 점에서 만난다. 이 점을 내심이라고 한다.

삼각형의 내심 I에서 세 변에 이르는 거리가 모두 같기 때문에 점 I를 중심으로 반지름의 길이가 $\overline{ID}$인 원을 그리면 $\triangle ABC$의 모든 변에 접한다. 이 원 I를 $\triangle ABC$의 내접원이라고 한다.

삼각형의 내심은 삼각형의 내접원의 중심이 된다.

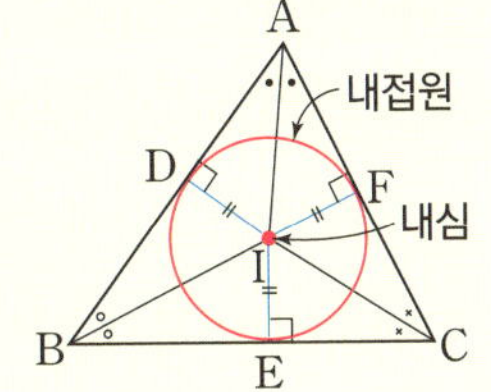

개념 연결

각
초등

한 점에서 시작하는 두 반직선으로 이루어진 도형을 각이라고 한다.

각의 이등분선의 성질
중1

각의 이등분선 위의 한 점에서 각의 양변에 이르는 거리는 같다.

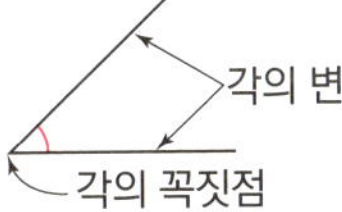

내심, 내접원

삼각형의 세 내각의 이등분선은 한 점에서 만난다. 이 점을 내심이라고 한다.

내심을 중심으로 삼각형의 모든 변에 접하는 원을 내접원이라고 한다.

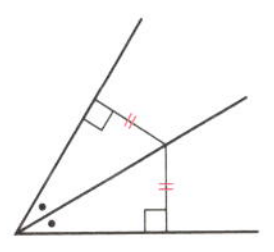

선분으로만 둘러싸인 도형을 다각형이라고 한다. 다각형에서 서로 이웃하지 않는 두 꼭짓점을 이은 선분을 대각선이라고 한다.

변의 개수가 n인 n각형의 대각선의 개수는 $\dfrac{n(n-3)}{2}$이다.

삼각형 초등	세 선분으로 둘러싸인 도형을 삼각형이라 한다.
다각형, 대각선	선분으로만 둘러싸인 도형을 다각형이라고 한다. 다각형에서 서로 이웃하지 않는 두 꼭짓점을 이은 선분을 대각선이라고 한다.
정다각형 초등	모든 변의 길이가 같고, 모든 각의 크기가 같은 다각형을 정다각형이라고 한다.

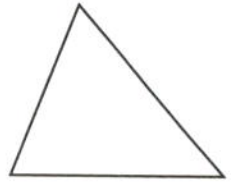

각기둥, 각뿔과 같이 다각형인 면으로만 둘러싸인 입체도형을 **다면체**라고 한다. 이때 다면체를 둘러싸고 있는 다각형을 다면체의 면, 다각형의 변을 다면체의 모서리, 다각형의 꼭짓점을 다면체의 꼭짓점이라고 한다. 다면체는 둘러싸인 면의 개수에 따라 사면체, 오면체, 육면체, …라고 한다. 예를 들어 사각기둥은 육면체이고, 삼각뿔은 사면체이다.

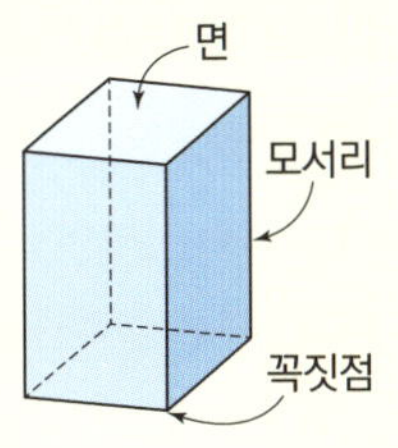

개념 연결

각기둥 초등
두 밑면이 서로 평행하고 합동인 다각형으로 이루어진 입체도형을 각기둥이라고 한다.

다면체
다각형인 면으로만 둘러싸인 입체도형을 다면체라고 한다.

정다면체 중1
모든 면이 합동인 정다각형이고, 각 꼭짓점에 모인 면의 개수가 같은 다면체를 정다면체라 한다.

식 $3x+5$에서 수 또는 문자의 곱으로 이루어진 $3x$, 5를 각각 그 식의 **항**이라 하고, 5와 같이 수만으로 이루어진 항을 **상수항**이라고 한다. 또 항 $3x$에서 문자 x에 곱해진 수 3을 x의 **계수**라고 한다. 한편 $2x$, $3x+5$와 같이 한 개의 항 또는 두 개 이상의 항의 합으로 이루어진 식을 **다항식**이라고 한다. 특히 다항식 중에서 항이 한 개뿐인 식을 **단항식**이라고 한다.

개념 연결

항	식 $3x+5$에서 수 또는 문자의 곱으로 이루어진 $3x$, 5를 각각 그 식의 항이라 한다.
다항식	$2x$, $3x+5$와 같이 한 개의 항 또는 두 개 이상의 항의 합으로 이루어진 식을 다항식이라고 한다.
차수 중1	문자를 포함한 항에서 어떤 문자가 곱해진 개수를 그 문자에 대한 항의 차수라고 한다.

다항식을 다항식으로 나누는 나눗셈은 먼저 두 다항식을 각각 내림차순으로 정리한 다음, 자연수의 나눗셈과 같은 방법으로 계산한다.

다항식 A를 다항식 $B(B \neq 0)$로 나누었을 때 몫을 Q, 나머지를 R이라고 하면 $A = BQ + R$과 같이 나타낼 수 있다.

이때 R의 차수는 B의 차수보다 낮다.

특히 $R = 0$, 즉 $A = BQ$일 때 A는 B로 **나누어떨어진다**고 한다.

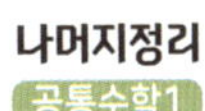

전개 중2	다항식의 곱을 분배법칙을 이용하여 하나의 다항식으로 나타내는 것을 전개한다고 한다.	$2a \times (4b+5) = 8ab + 10a$ 전개

다항식의 나눗셈

다항식 A를 다항식 $B(B \neq 0)$로 나누었을 때 몫을 Q, 나머지를 R이라고 하면 $A = BQ + R$과 같이 나타낼 수 있다. 이때 R의 차수는 B의 차수보다 낮다.

나머지정리
공통수학1

다항식 $P(x)$를 일차식 $x - a$로 나눈 나머지를 R이라고 하면 $R = P(a)$이다.

정사각행렬 중에서

$$\begin{pmatrix} 1 & 0 \\ 0 & 1 \end{pmatrix}, \begin{pmatrix} 1 & 0 & 0 \\ 0 & 1 & 0 \\ 0 & 0 & 1 \end{pmatrix}, \cdots$$

과 같이 왼쪽 위에서 오른쪽 아래로 내려가는 대각선 위의 성분이 모두 1이고, 그 외의 성분은 모두 0인 정사각행렬을 단위행렬이라 하고, 기호로 E와 같이 나타낸다. 일반적으로 두 행렬 A, E가 같은 꼴일 때, $AE=EA=A$이다.

개념 연결

영행렬
공통수학1

행렬의 성분이 모두 0인 행렬을 영행렬이라고 한다. 예를 들어

$$(0,\,0), \begin{pmatrix} 0 \\ 0 \end{pmatrix}, \begin{pmatrix} 0 & 0 \\ 0 & 0 \end{pmatrix}$$

은 각각 1×2, 2×1, 2×2 행렬인 영행렬이다.

단위행렬

$$\begin{pmatrix} 1 & 0 \\ 0 & 1 \end{pmatrix}, \begin{pmatrix} 1 & 0 & 0 \\ 0 & 1 & 0 \\ 0 & 0 & 1 \end{pmatrix}, \cdots$$과 같이 왼쪽 위에서 오른쪽 아래로 내려가는 대각선 위의 성분이 모두 1이고, 그 외의 성분은 모두 0인 정사각행렬을 단위행렬이라 한다.

행렬의 실수배
공통수학1

k가 실수일 때, 행렬 A의 각 성분에 일정한 수 k를 곱한 것을 성분으로 하는 행렬을 행렬 A의 k배라고 하며, 기호 kA로 나타낸다.

한 도형을 일정한 비율로 확대하거나 축소한 도형이 다른 도형과 합동일 때, 이 두 도형은 서로 닮음인 관계가 있다고 한다. 또 서로 닮음인 관계가 있는 두 도형을 **닮은 도형**이라고 한다.

서로 닮은 두 도형에서 대응변의 길이의 비를 두 도형의 닮음비라고 한다.

두 평면도형의 닮음비가 $m : n$이면 넓이의 비는 $m^2 : n^2$이다.

두 입체도형의 닮음비가 $m : n$이면 부피의 비는 $m^3 : n^3$이다.

개념 연결

삼각형의 합동 조건 중1	두 삼각형은 다음의 각 경우에 서로 합동이다. ① 세 쌍의 대응변의 길이가 각각 같을 때 ② 두 쌍의 대응변의 길이가 각각 같고, 그 끼인각의 크기가 같을 때 ③ 한 쌍의 대응변의 길이가 같고, 그 양 끝 각의 크기가 각각 같을 때
닮음	한 도형을 일정한 비율로 확대하거나 축소한 도형이 다른 도형과 합동일 때, 이 두 도형은 서로 닮음인 관계가 있다고 한다.
삼각형의 닮음 조건 중2	두 삼각형은 다음의 각 경우에 서로 닮음이다. ① 세 쌍의 대응변의 길이의 비가 같을 때 ② 두 쌍의 대응변의 길이의 비가 같고, 그 끼인각의 크기가 같을 때 ③ 두 쌍의 대응각의 크기가 각각 같을 때

$\triangle$ABC에서 $\angle$A와 마주 보는 변 BC를 $\angle$A의 **대변**, $\angle$A를 변 BC의 **대각**이라고 한다. $\triangle$ABC에서 $\angle$A, $\angle$B, $\angle$C의 대변의 길이를 각각 a, b, c로 나타내기도 한다.

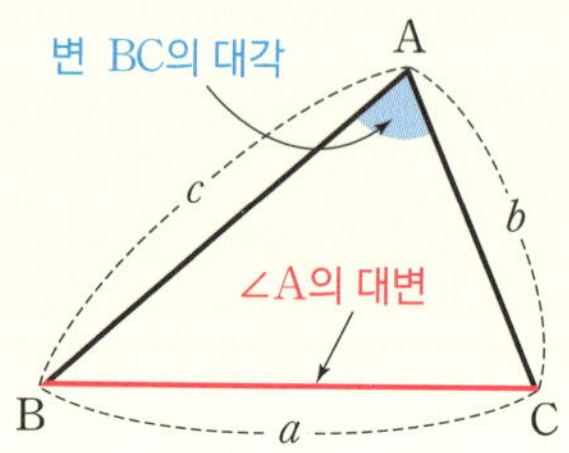

각
초등

한 점에서 그은 두 반직선으로 이루어진 도형을 각이라고 한다.

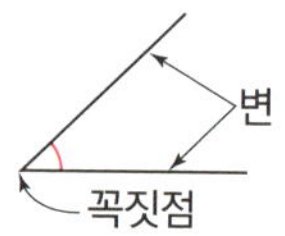

대각선
초등

다각형에서 서로 이웃하지 않는 두 꼭짓점을 이은 선분을 대각선이라고 한다.

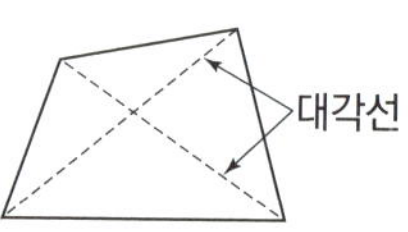

대변, 대각

$\triangle$ABC에서 $\angle$A와 마주 보는 변 BC를 $\angle$A의 대변, $\angle$A를 변 BC의 대각이라고 한다.

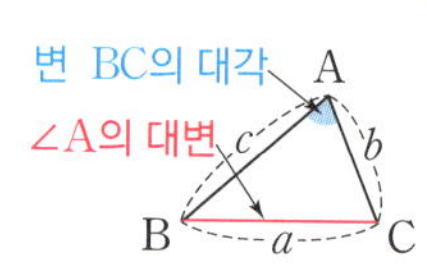

공집합이 아닌 두 집합 X, Y에 대하여 X의 원소에 Y의 원소를 짝지어 주는 것을 집합 X에서 집합 Y로의 **대응**이라고 한다. 이때 집합 X의 원소 x에 집합 Y의 원소 y가 짝지어지면 x에 y가 대응한다고 하고, 기호로 $x \longrightarrow y$와 같이 나타낸다.

대응

공집합이 아닌 두 집합 X, Y에 대하여 X의 원소에 Y의 원소를 짝지어 주는 것을 집합 X에서 집합 Y로의 대응이라고 한다.

함수
[공통수학2]

두 집합 X, Y에 대하여 X의 각 원소에 Y의 원소가 오직 하나씩 대응할 때, 이 대응을 X에서의 Y로의 함수라고 한다.

일대일대응
[공통수학2]

함수 $f : X \longrightarrow Y$에서 두 조건
(i) 일대일함수이다.
(ii) 치역과 공역이 같다.
를 모두 만족시킬 때, 함수 f를 일대일대응이라고 한다.

문자를 사용한 식에서 문자에 어떤 수 또는 식을 바꾸어 넣는 것을 대입한다고 하고, 대입하여 계산한 결과를 식의 값이라고 한다.

$$0.3x = 0.3 \times x$$
$$= 0.3 \times 100$$
$$= 30$$

x에 100을 대입

문자에 음수를 대입할 때는 괄호를 사용한다.

다항식　중1	$2x$, $3x+5$와 같이 한 개의 항 또는 두 개 이상의 항의 합으로 이루어진 식을 다항식이라고 한다.
대입	문자를 사용한 식에서 문자에 어떤 수 또는 식을 바꾸어 넣는 것을 대입한다고 한다.
대입법　중2	한 방정식을 한 미지수에 대한 식으로 나타낸 다음 다른 방정식에 대입하여 연립방정식을 푸는 방법을 대입법이라고 한다.

히스토그램을 이용하여 다음 순서로 나타낸 그래프를 도수분포다각형이라고 한다.

1. 히스토그램에서 각 직사각형의 윗변의 중앙에 점을 찍는다.
2. 히스토그램의 양 끝에 도수가 0인 계급이 하나씩 더 있는 것으로 생각하고 그 중앙에 점을 찍는다.
3. 위에서 찍은 점을 선분으로 연결한다.

도수분포다각형은 히스토그램을 그리지 않고 도수분포표로부터 직접 그릴 수도 있다.

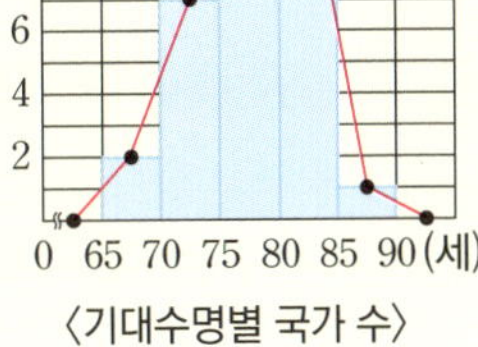

개념 연결

도수분포표 중1
자료를 몇 개의 계급으로 나누고 각 계급의 도수를 나타낸 표를 도수분포표라고 한다.

히스토그램 중1
어떤 비교 대상의 양이나 수치 따위의 분포를 그에 비례하는 막대 모양의 도형으로 나타낸 그래프를 히스토그램이라고 한다.

도수분포다각형
히스토그램의 각 사각형의 윗변의 중점과 양 끝에 도수가 0인 계급의 중점을 이으면 가로축을 밑변으로 하는 다각형이 생겨난다. 이 다각형을 도수분포다각형이라 한다.

배 25개를 무게별로 구분하여 만든 표이다. 200 g 이상 240 g 미만 등과 같이 변량을 일정한 간격으로 나눈 구간을 계급, 구간의 너비를 **계급의 크기**, 각 계급에 속하는 변량의 개수를 그 계급의 도수라고 한다.

표와 같이 자료를 몇 개의 계급으로 나누고 각 계급의 도수를 나타낸 표를 도수분포표라고 한다.

무게(g)	도수(개)
200이상~240미만	7
240~280	5
280~320	8
320~360	1
360~400	2
400~440	2
합계	25

〈배의 무게별 개수〉

개념 연결

줄기와 잎 그림 중1

변량을 줄기와 잎을 이용하여 나타낸 그림을 줄기와 잎 그림이라고 한다.

줄기	잎
13	5 9
14	1 3 6 7
15	6 7 9
16	2 4 9

도수분포표

자료를 몇 개의 계급으로 나누고 각 계급의 도수를 나타낸 표를 도수분포표라고 한다.

히스토그램 중1

어떤 비교 대상의 양이나 수치 따위의 분포를 그에 비례하는 막대 모양의 도형으로 나타낸 그래프를 히스토그램이라고 한다.

함수 $f(x)$가 정의역 X에서 미분가능할 때, 정의역의 각 원소 x에 미분계수 $f'(x)$를 대응시키는 새로운 함수

$$f' : X \longrightarrow R$$

$$f'(x) = \lim_{\Delta x \to 0} \frac{f(x+\Delta x) - f(x)}{\Delta x}$$

를 함수 $f(x)$의 도함수라 하고, 기호로

$$f'(x),\ y',\ \frac{dy}{dx},\ \frac{d}{dx}f(x)$$

와 같이 나타낸다.

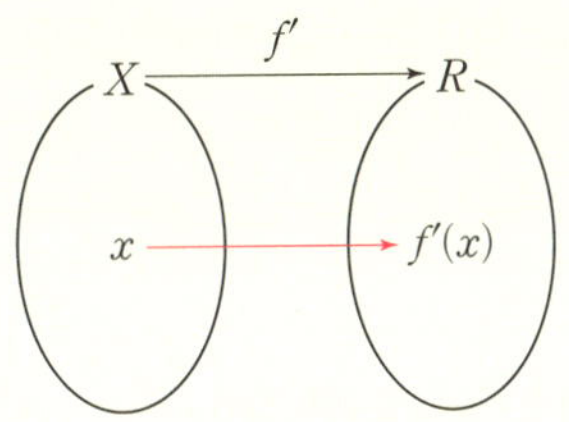

평균변화율 [미적분 I]

함수 $y = f(x)$에서 $\dfrac{\Delta y}{\Delta x} = \dfrac{f(b) - f(a)}{b - a} = \dfrac{f(a+\Delta x) - f(a)}{\Delta x}$를 x의 값이 a에서 b까지 변할 때의 함수 $y = f(x)$의 평균변화율이라 한다.

미분계수 [미적분 I]

함수 $y = f(x)$에서 x의 값이 a에서 $a + \Delta x$까지 변할 때의 평균변화율의 극한값 $\lim\limits_{\Delta x \to 0} \dfrac{f(a+\Delta x) - f(a)}{\Delta x}$를 미분계수 $f'(a)$라 한다.

도함수

정의역의 각 원소 x에 미분계수 $f'(x)$를 대응시키는 함수 $\lim\limits_{\Delta x \to 0} \dfrac{f(x+\Delta x) - f(x)}{\Delta x}$를 함수 $f(x)$의 도함수 $f'(x)$라 한다.

043 독립, 종속 확률과 통계

확률이 0이 아닌 두 사건 A, B에 대하여

$$\mathrm{P}(B|A)=\mathrm{P}(B) \ \text{또는} \ \mathrm{P}(A|B)=\mathrm{P}(A)$$

일 때, 두 사건 A, B는 서로 독립이라고 한다. 한편 두 사건이 서로 독립이 아닐 때, 두 사건은 서로 종속이라고 한다.

두 사건 A, B가 서로 독립이기 위한 필요충분조건은

$$\mathrm{P}(A \cap B)=\mathrm{P}(A)\mathrm{P}(B) \ (\text{단}, \ \mathrm{P}(A)>0, \ \mathrm{P}(B)>0)$$

조건부확률 확률과 통계

확률이 0이 아닌 사건 A가 일어났다고 가정할 때 사건 B가 일어날 확률을 사건 A가 일어났을 때 사건 B의 조건부확률이라 하고, 기호로 $\mathrm{P}(B|A)$와 같이 나타낸다.

독립

확률이 0이 아닌 두 사건 A, B에 대하여
$$\mathrm{P}(B|A)=\mathrm{P}(B) \ \text{또는} \ \mathrm{P}(A|B)=\mathrm{P}(A)$$
일 때, 두 사건 A, B는 서로 독립이라고 한다.

독립시행 확률과 통계

동전이나 주사위를 여러 번 던지는 것처럼 동일한 시행을 반복하는 경우에 각 시행에서 일어나는 사건이 서로 독립이면 이와 같은 시행을 독립시행이라고 한다.

동전이나 주사위 등을 여러 번 반복하여 던지는 경우와 같이 어떤 시행을 반복할 때, 각 시행에서 일어나는 사건이 서로 독립이면 이 시행을 독립시행이라고 한다. 독립시행에서는 각 시행에서 일어나는 사건이 서로 독립이므로 독립시행의 확률은 각 사건이 일어나는 확률을 곱하여 구할 수 있다.

어떤 시행에서 사건 A가 일어날 확률이 $p(0<p<1)$일 때, 이 시행을 n번 반복하는 독립시행에서 사건 A가 r번 일어날 확률은

$$_n\mathrm{C}_r\, p^r(1-p)^{n-r} \ (\text{단}, \ r=0, \ 1, \ 2, \ \cdots, \ n)$$

독립 확률과 통계	확률이 0이 아닌 두 사건 A, B에 대하여 $$\mathrm{P}(B\mid A)=\mathrm{P}(B) \ \text{또는} \ \mathrm{P}(A\mid B)=\mathrm{P}(A)$$ 일 때, 두 사건 A, B는 서로 독립이라고 한다.
독립시행	동전이나 주사위를 여러 번 던지는 것처럼 동일한 시행을 반복하는 경우에 각 시행에서 일어나는 사건이 서로 독립이면 이와 같은 시행을 독립시행이라고 한다.
독립시행의 확률	어떤 시행에서 사건 A가 일어날 확률이 p일 때, 이 시행을 n번 반복하는 독립시행에서 사건 A가 r번 일어날 확률은 $_n\mathrm{C}_r\, p^r(1-p)^{n-r}$이다.

$3x$와 $5x$와 같이 문자가 같고 차수도 같은 항을 **동류항**이라고 한다. 특히 상수항은 모두 동류항이다.

동류항 $3x$, $5x$의 덧셈과 뺄셈은 분배법칙을 이용하여 계산한다.

$$
\begin{aligned}
5x + 3x &= 5 \times x + 3 \times x \\
&= (5 + 3) \times x \quad \text{분배법칙} \\
&= 8 \times x \\
&= 8x
\end{aligned}
$$

개념 연결

항 중1

식 $3x + 5$에서 수 또는 문자의 곱으로 이루어진 $3x$, 5를 각각 그 식의 항이라 한다.

차수 중1

문자를 포함한 항에서 어떤 문자의 곱해진 개수를 그 문자에 대한 항의 차수라고 한다.

동류항

$3x$와 $5x$와 같이 문자가 같고 차수도 같은 항을 동류항이라고 한다. 특히 상수항은 모두 동류항이다.

오른쪽 그림과 같이 한 평면 위에서 두 직선 l, m
이 한 직선 n과 만나면 8개의 각이 생긴다. 이때

　　$\angle a$와 $\angle e$, $\angle b$와 $\angle f$

　　$\angle c$와 $\angle g$, $\angle d$와 $\angle h$

와 같이 같은 위치에 있는 두 각을 서로 동위각이
라고 한다.

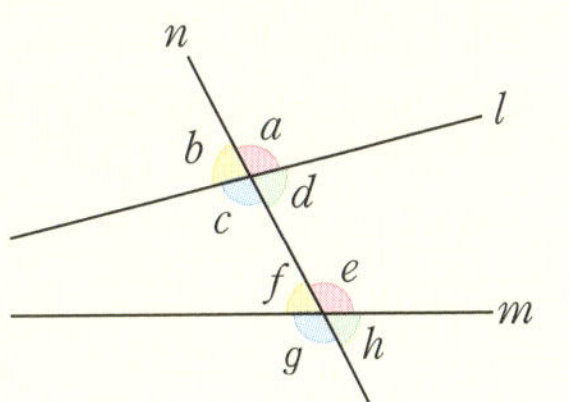

개념 연결

교각 중1	서로 교차하는 두 직선이 한 점에서 만날 때 만들어지는 네 개의 각을 두 직선의 교각이라고 한다.	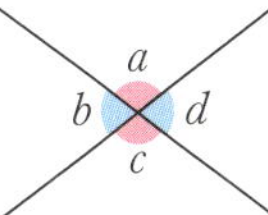
동위각	한 평면 위에서 두 직선이 한 직선과 만날 때 같은 위치에 있는 두 각을 서로 동위각이라 한다.	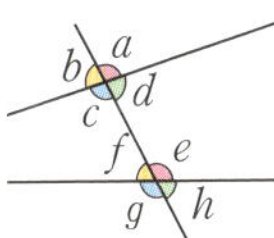
엇각 중1	한 평면 위에서 두 직선이 한 직선과 만날 때 엇갈린 위치에 있는 두 각을 서로 엇각이라 한다.	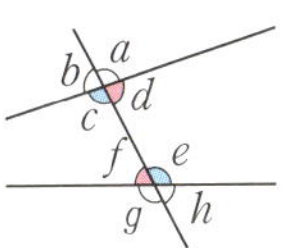

중1

서로 다른 두 점 A, B를 잇는 선 중 길이가 가장 짧은 선분 AB의 길이를 **두 점 A, B 사이의 거리**라고 한다.

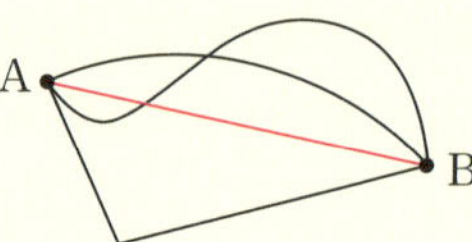

공통수학2

좌표평면 위의 두 점 $A(x_1, y_1)$, $B(x_2, y_2)$ 사이의 거리는

$$\overline{AB} = \sqrt{(x_2 - x_1)^2 + (y_2 - y_1)^2}$$

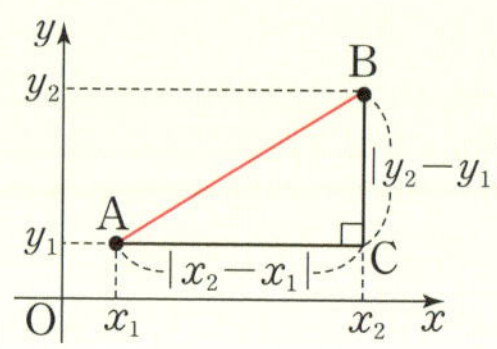

개념 연결

피타고라스 정리 중2	직각삼각형에서 직각을 낀 두 변의 길이를 a, b, 빗변의 길이를 c라 하면 $$a^2 + b^2 = c^2$$

↓

두 점 사이의 거리	좌표평면 위의 두 점 $A(x_1, y_1)$, $B(x_2, y_2)$ 사이의 거리는 $$\sqrt{(x_2 - x_1)^2 + (y_2 - y_1)^2}$$

↓

공간에서 두 점 사이의 거리 기하	좌표공간의 두 점 $A(x_1, y_1, z_1)$, $B(x_2, y_2, z_2)$ 사이의 거리는 $$\sqrt{(x_2 - x_1)^2 + (y_2 - y_1)^2 + (z_2 - z_1)^2}$$

전체집합 U의 두 부분집합 A, B에 대하여 다음과 같은 연산 법칙이 성립한다.

① $(A \cup B)^C = A^C \cap B^C$

② $(A \cap B)^C = A^C \cup B^C$

이것을 드모르간의 법칙이라고 한다.

교집합 공통수학2	두 집합 A, B에 대하여 A에도 속하고 B에도 속하는 모든 원소로 이루어진 집합을 A와 B의 교집합이라 한다.
여집합 공통수학2	전체집합 U의 부분집합 A에 대하여 U의 원소 중에서 A에 속하지 않는 모든 원소로 이루어진 집합을 U에 대한 A의 여집합이라 한다.
드모르간의 법칙	전체집합 U의 두 부분집합 A, B에 대하여 ① $(A \cup B)^C = A^C \cap B^C$ ② $(A \cap B)^C = A^C \cup B^C$

$$2, \quad 4, \quad 8, \quad 16, \cdots$$
$$\times 2 \quad \times 2 \quad \times 2$$

과 같이 첫째항에 차례로 일정한 수를 곱하여 얻어진 수열을 등비수열이라 하고, 그 일정한 수를 공비라고 한다.

일반적으로 첫째항이 a, 공비가 $r\,(r \neq 0)$인 등비수열 $\{a_n\}$에 대하여

$a_{n+1} = ra_n\,(n=1,\ 2,\ 3,\ \cdots)$이 성립하며 일반항 a_n은 $a_n = ar^{n-1}$이다.

수열 대수

차례대로 나열된 수의 열을 수열이라 한다.

등차수열 대수

첫째항에 차례로 일정한 수를 더하여 만든 수열을 등차수열이라 한다.

등비수열

첫째항에 차례로 일정한 수를 곱하여 얻어진 수열을 등비수열이라 한다.

등호를 사용하여 수량 사이의 관계를 나타낸 식을 등식이라고 한다. 이때 등식에서 등호의 왼쪽 부분을 좌변, 등호의 오른쪽 부분을 우변이라 하고, 좌변과 우변을 통틀어 양변이라고 한다.

$$\underset{\text{양변}}{\underline{\underset{\text{좌변}}{\underline{300+2x}}=\underset{\text{우변}}{\underline{450}}}}$$

등식	등호를 사용하여 수량 사이의 관계를 나타낸 식을 등식이라고 한다.
방정식 중1	x의 값에 따라 참이 되기도 하고 거짓이 되기도 하는 등식을 x에 대한 방정식이라고 한다.
항등식 중1	미지수 x가 어떤 값을 갖더라도 항상 참이 되는 등식을 x에 대한 항등식이라고 한다.

$$70, \quad 75, \quad 80, \quad 85, \quad 90, \cdots$$
$$+5 \quad +5 \quad +5 \quad +5$$

과 같이 첫째항에 차례로 일정한 수를 더하여 얻어진 수열을 등차수열이라 하고, 그 일정한 수를 공차라고 한다.

일반적으로 첫째항이 a, 공차가 d인 등차수열 $\{a_n\}$에 대하여

$a_{n+1}=a_n+d\,(n=1,\,2,\,3,\,\cdots)$가 성립하고 일반항 a_n은 $a_n=a_1+(n-1)d$이다.

수열 ［대수］	차례대로 나열된 수의 열을 수열이라 한다.
등차수열	첫째항에 차례로 일정한 수를 더하여 만든 수열을 등차수열이라 한다.
등비수열 ［대수］	첫째항에 차례로 일정한 수를 곱하여 얻어진 수열을 등비수열이라 한다.

반지름의 길이가 r인 원에서 길이가 r인 호 AB에 대한 중심각의 크기 $a° = \dfrac{180°}{\pi}$를 1라디안(radian)이라 하고, 이것을 단위로 하여 각의 크기를 나타내는 방법을 호도법이라고 한다.

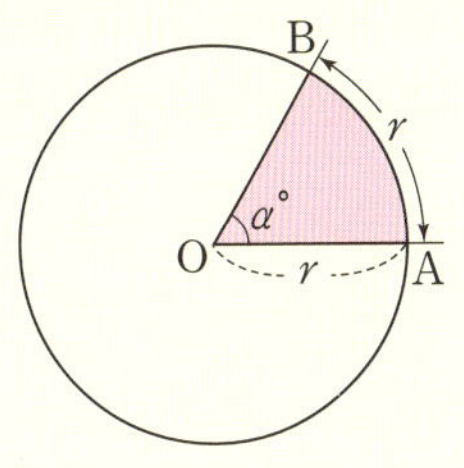

$$1라디안 = \dfrac{180°}{\pi}, \quad 1° = \dfrac{\pi}{180} 라디안$$

 개념 연결

직각 초등	종이를 반듯하게 두 번 접었을 때 생기는 각을 직각이라고 한다. 직각은 90°이다. 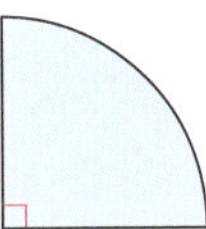
육십분법 대수	원의 둘레를 360등분하여 각 호에 대한 중심각의 크기를 1°로 정의하여 각의 크기를 나타내는 방법을 육십분법이라 한다.
라디안	반지름의 길이가 r인 원에서 길이가 r인 호 AB에 대한 중심각의 크기 $a° = \dfrac{180°}{\pi}$를 1라디안이라 한다. 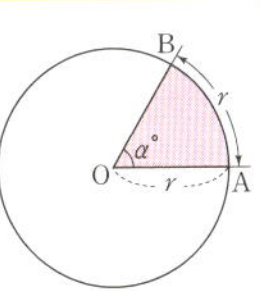

$a>0$, $a\neq 1$일 때, 양수 N에 대하여 $a^x=N$을 만족시키는 실수 x는 오직 하나 존재한다. 이 실수 x를 기호로 $\log_a N$과 같이 나타내고, a를 **밑**으로 하는 N의 로그라고 한다.

이때 N을 $\log_a N$의 진수라고 한다.

개념 연결

지수 대수

어떤 수 a를 여러 번 곱한 a의 거듭제곱 a^n에서 n을 거듭제곱의 지수라고 한다.

로그

$a>0$, $a\neq 1$일 때, 양수 N에 대하여 $a^x=N$을 만족시키는 실수 $x=\log_a N$을 a를 밑으로 하는 N의 로그라고 한다.

상용로그 대수

10을 밑으로 하는 로그를 상용로그라 하고, 보통 밑 10을 생략하여 $\log N$과 같이 나타낸다.

지수함수 $y=a^x\,(a>0,\ a\neq1)$의 역함수 $y=\log_a x$를 a를 밑으로 하는 로그함수라고 한다.

로그함수 $y=\log_a x\,(a>0,\ a\neq1)$는 지수함수 $y=a^x$의 역함수이므로 이들의 그래프는 직선 $y=x$에 대하여 대칭이고 로그함수 $y=\log_a x$의 그래프의 점근선은 y축이다.

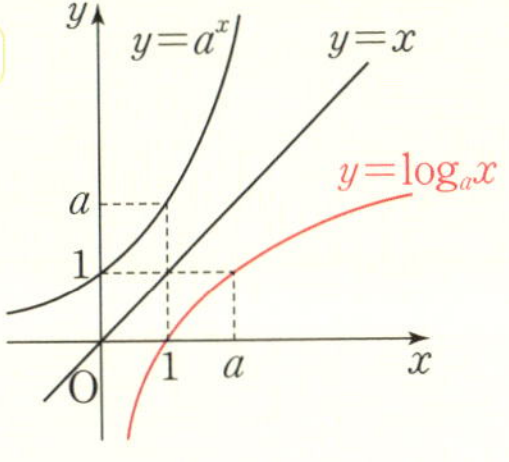

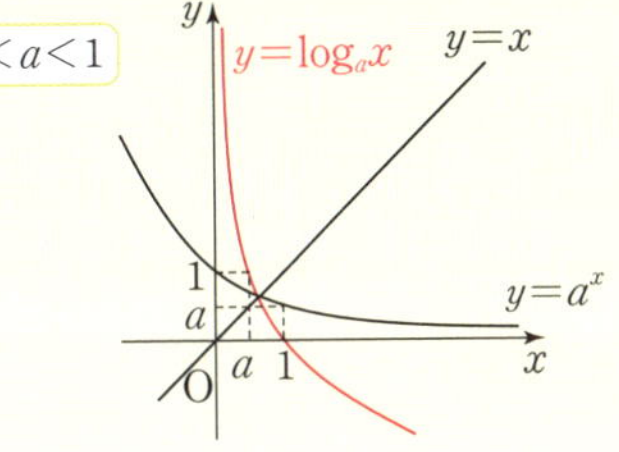

지수 대수
어떤 수 a를 여러 번 곱한 a의 거듭제곱 a^n에서 n을 거듭제곱의 지수라고 한다.

로그 대수
$a>0$, $a\neq1$일 때, 양수 N에 대하여 $a^x=N$을 만족시키는 실수 $x=\log_a N$을 a를 밑으로 하는 N의 로그라고 한다.

로그함수
지수함수 $y=a^x$의 역함수 $y=\log_a x\,(a>0,\ a\neq1)$를 a를 밑으로 하는 로그함수라고 한다.

함수 $f(x)$가 닫힌구간 $[a, b]$에서 연속이고 열린구간 (a, b)에서 미분가능할 때, $f(a)=f(b)$이면 $f'(c)=0$인 c가 열린구간 (a, b)에 적어도 하나 존재한다.

이를 롤의 정리라고 한다.

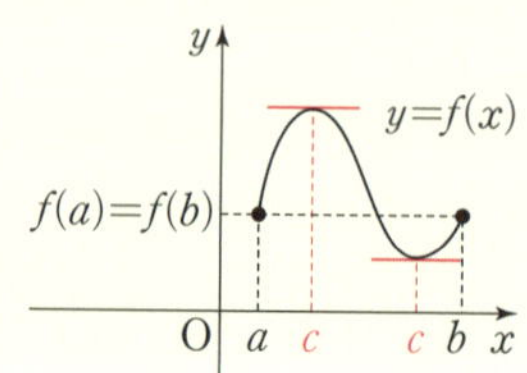

사잇값 정리 [미적분 I]	함수 $f(x)$가 구간 $[a, b]$에서 연속이고 $f(a) \neq f(b)$이면 $f(a)$와 $f(b)$ 사이의 임의의 실수 k에 대하여 $f(c)=k$인 c가 구간 (a, b)에 적어도 하나 존재한다.
롤의 정리	함수 $f(x)$가 구간 $[a, b]$에서 연속이고 구간 (a, b)에서 미분가능할 때, $f(a)=f(b)$이면 $f'(c)=0$인 c가 구간 (a, b)에 적어도 하나 존재한다.
평균값 정리 [미적분 I]	함수 $f(x)$가 구간 $[a, b]$에서 연속이고 구간 (a, b)에서 미분가능할 때, $\dfrac{f(b)-f(a)}{b-a}=f'(c)$인 c가 구간 (a, b)에 적어도 하나 존재한다.

네 변의 길이가 같은 사각형을 마름모라고 한다. 마름모는 두 쌍의 대변의 길이가 각각 같으므로 평행사변형이다. 즉, 마름모는 평행사변형의 성질을 모두 만족시킨다. 따라서 마름모의 두 쌍의 대각의 크기는 각각 같고, 두 대각선은 서로 다른 것을 이등분한다.

특히, 마름모의 대각선은 서로 다른 것을 수직이등분한다.

직사각형 중2	네 각의 크기가 모두 같은 사각형을 직사각형이라 한다. 직사각형의 두 대각선은 길이가 같고 서로 다른 것을 이등분한다.
마름모	네 변의 길이가 같은 사각형을 마름모라고 한다. 마름모의 두 대각선은 서로 다른 것을 수직이등분한다.
정사각형 중2	네 각의 크기가 모두 같고, 네 변의 길이가 모두 같은 사각형을 정사각형이라 한다. 정사각형의 두 대각선은 길이가 같고 서로 다른 것을 수직이등분한다.

(1) 's'는 모음이다.

(2) $\sqrt{3}$은 실수이다.

(1)은 거짓이고, (2)는 참이다. (1), (2)와 같이 그 내용이 참인지 거짓인지를 분명하게 판별할 수 있는 문장이나 식을 명제라고 한다.

명제	참, 거짓을 명확하게 판별할 수 있는 문장이나 식
조건 (공통수학2)	변수의 값에 따라 참, 거짓을 판별할 수 있는 문장이나 식
가정, 결론 (공통수학2)	두 조건 p, q로 이루어진 명제 'p이면 q이다.'에서 p를 가정, q를 결론이라고 한다.

표본조사에서 조사의 대상이 되는 집단 전체를 모집단이라 하고, 모집단에서 뽑은 일부분을 표본이라고 한다. 또 표본조사에서 뽑은 표본의 개수를 **표본의 크기**라 하고, 모집단에서 표본을 뽑는 것을 **추출**이라고 한다.

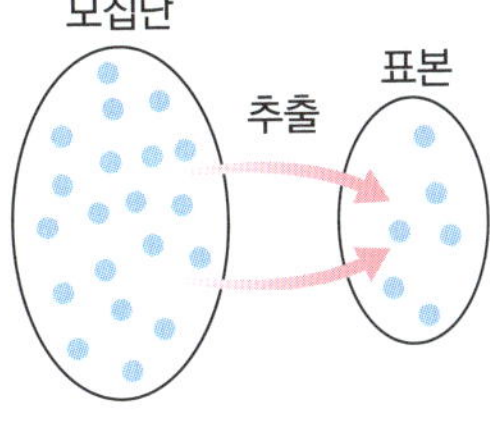

모집단과 표본

표본조사에서 조사의 대상이 되는 집단 전체를 모집단이라 하고, 모집단에서 뽑은 일부분을 표본이라고 한다.

임의추출
(확률과 통계)

표본을 추출하는 여러 가지 방법 중에서 모집단에 속하는 각 대상이 같은 확률로 추출되도록 하는 방법을 임의추출이라고 한다.

모평균
(확률과 통계)

모집단에서 조사하고자 하는 특성을 나타내는 확률변수를 X라 할 때 X의 평균을 모평균이라 한다.

모집단에서 조사하고자 하는 특성을 나타내는 확률변수 X의 평균, 분산, 표준편차를 각각 모평균, 모분산, 모표준편차라 하고, 각각 기호로 m, σ^2, σ와 같이 나타낸다.

모집단 전체에서 어떤 특성을 갖는 사건의 비율을 모비율이라 하고, 기호로 p와 같이 나타낸다.

모집단과 표본
확률과 통계

표본조사에서 조사의 대상이 되는 집단 전체를 모집단이라 하고, 모집단에서 뽑은 일부분을 표본이라고 한다.

모평균

모집단에서 조사하고자 하는 특성을 나타내는 확률변수를 X라 할 때 X의 평균을 모평균이라 한다.

모비율

모집단 전체에서 어떤 특성을 갖는 사건의 비율을 모비율이라 한다.

삼각형의 한 꼭짓점과 그 대변의 중점을 이은 선분을 그 삼각형의 중선이라고 한다. 오른쪽 △ABC에서 $\overline{AD}$, $\overline{BE}$, $\overline{CF}$는 모두 △ABC의 중선이다. 이와 같이 한 삼각형에는 세 개의 중선이 있다. 삼각형의 세 중선의 교점을 그 삼각형의 무게중심이라고 한다.

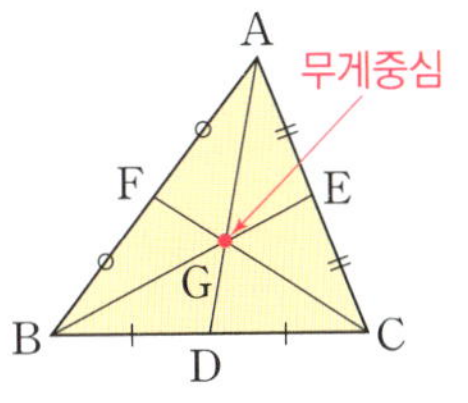

삼각형의 무게중심은 세 중선의 길이를 각 꼭짓점으로부터 각각 2 : 1로 나눈다. 즉,

$$\overline{AG} : \overline{GD} = \overline{BG} : \overline{GE} = \overline{CG} : \overline{GF} = 2 : 1$$

외심 중2
삼각형의 세 변의 수직이등분선은 한 점에서 만난다. 이 점을 그 삼각형의 외심이라고 한다.

내심 중2
삼각형의 세 내각의 이등분선은 한 점에서 만난다. 이 점을 그 삼각형의 내심이라고 한다.

무게중심
삼각형의 세 중선의 교점은 한 점에서 만난다. 이 점을 그 삼각형의 무게중심이라고 한다.

정수가 아닌 유리수는 유한소수나 순환소수로 나타낼 수 있다. 이때, $\sqrt{3}=1.7320508075688772\cdots$는 순환소수가 아닌 무한소수이므로 유리수가 아니다. 이와 같이 순환소수가 아닌 무한소수를 무리수라고 한다.

유리수 중1	두 정수 a, b에 대하여 $\dfrac{a}{b}\,(b\neq0)$의 꼴로 나타낼 수 있는 수를 유리수라고 한다.
무리수	순환소수가 아닌 무한소수를 무리수라고 한다.
실수 중3	유리수와 무리수를 통틀어 실수라고 한다.

식을 정리하였을 때, 근호 안에 문자가 포함된 식 중에서 유리식으로 나타낼 수 없는 식을 무리식이라고 한다.

예를 들어 $\sqrt{3x}$, $\sqrt{\dfrac{1}{2}x-5}$, $\sqrt{2-x}+3$, $\dfrac{x}{\sqrt{2x-1}}$ 는 무리식이다.

무리식의 값이 실수가 되려면 근호 안의 식의 값이 0 이상이어야 하므로 무리식을 계산할 때는 (근호 안의 식의 값) ≥ 0, (분모의 값) $\neq 0$이 되는 범위에서만 생각한다.

| 무리수 중3 | 순환소수가 아닌 무한소수를 무리수라고 한다. |

| 무리식 | 식을 정리하였을 때, 근호 안에 문자가 포함된 식 중에서 유리식으로 나타낼 수 없는 식을 무리식이라고 한다. |

| 무리함수 공통수학2 | 함수 $y=f(x)$에서 $f(x)$가 x에 대한 무리식일 때, 이 함수를 무리함수라고 한다. |

함수 $y=f(x)$에서 $f(x)$가 x에 대한 무리식일 때, 이 함수를 무리함수라고 한다.
예를 들어, 함수 $y=\sqrt{2x}$, $y=\sqrt{3x-1}+3$은 모두 무리함수이다.
특별한 말이 없는 경우에 무리함수의 정의역은 근호 안의 식의 값이 0 이상이 되도록 하는 실수 전체의 집합으로 생각한다.

유리함수
공통수학2

함수 $y=f(x)$에서 $f(x)$가 x에 대한 유리식일 때, 이 함수를 유리함수라고 한다.

무리식
공통수학2

식을 정리하였을 때, 근호 안에 문자가 포함된 식 중에서 유리식으로 나타낼 수 없는 식을 무리식이라고 한다.

무리함수

함수 $y=f(x)$에서 $f(x)$가 x에 대한 무리식일 때, 이 함수를 무리함수라고 한다.

x의 값이 한없이 커지는 것을 기호 ∞를 사용하여 $x \longrightarrow \infty$로 나타내고, x의 값이 음수이면서 그 절댓값이 한없이 커지는 것을 $x \longrightarrow -\infty$라고 나타낸다. 이때 기호 ∞는 무한대라고 읽는다.

기호 ∞는 한없이 커지는 상태를 나타내며, 수는 아니다.

극한, 극한값 미적분 I	함수 $f(x)$에서 x의 값이 a에 한없이 가까워질 때, $f(x)$의 값이 일정한 값 α에 한없이 가까워지면 α를 $x=a$에서 함수 $f(x)$의 극한값 또는 극한이라 한다.
무한대	x의 값이 한없이 커지는 것을 기호 ∞를 사용하여 $x \longrightarrow \infty$와 같이 나타내고 ∞를 무한대라고 읽는다.
좌극한 미적분 I	함수 $f(x)$에서 x의 값이 a보다 작으면서 a에 한없이 가까워질 때, $f(x)$의 값이 일정한 값 L에 한없이 가까워지면 L을 $x=a$에서 함수 $f(x)$의 좌극한이라 한다.

함수 $y=f(x)$에서 x의 값이 a에서 $a+\Delta x$까지 변할 때 평균변화율

$\dfrac{\Delta y}{\Delta x}=\dfrac{f(a+\Delta x)-f(a)}{\Delta x}$ 의 $\Delta x \longrightarrow 0$일 때 극한값이 존재하면 $y=f(x)$는

$x=a$에서 미분가능하다고 한다.

함수 $y=f(x)$가 어떤 열린구간에 속하는 모든 x에서 미분가능하면 함수

$y=f(x)$는 그 구간에서 **미분가능**하다고 한다. 특히 함수 $y=f(x)$가 정의역에 속

하는 모든 x에서 미분가능하면 함수 $y=f(x)$는 미분가능한 함수라고 한다.

개념 연결

평균변화율
미적분 Ⅰ

함수 $y=f(x)$에서 $\dfrac{\Delta y}{\Delta x}=\dfrac{f(b)-f(a)}{b-a}=\dfrac{f(a+\Delta x)-f(a)}{\Delta x}$ 를 x의 값이 a에서 b까지 변할 때의 함수 $y=f(x)$의 평균변화율이라 한다.

미분가능

함수 $y=f(x)$에서 x의 값이 a에서 $a+\Delta x$까지 변할 때 평균변화율 $\dfrac{\Delta y}{\Delta x}=\dfrac{f(a+\Delta x)-f(a)}{\Delta x}$의 $\Delta x \longrightarrow 0$일 때 극한값이 존재하면 $y=f(x)$는 $x=a$에서 미분가능하다고 한다.

미분계수
미적분 Ⅰ

함수 $y=f(x)$에서 x의 값이 a에서 $a+\Delta x$까지 변할 때의 평균변화율의 극한값 $\displaystyle\lim_{\Delta x \to 0}\dfrac{f(a+\Delta x)-f(a)}{\Delta x}$ 를 미분계수 $f'(a)$라 한다.

함수 $y=f(x)$에서 x의 값이 a에서 $a+\Delta x$까지 변할 때 평균변화율

$\dfrac{\Delta y}{\Delta x}=\dfrac{f(a+\Delta x)-f(a)}{\Delta x}$의 $\Delta x \longrightarrow 0$일 때 극한값을 함수 $y=f(x)$의 $x=a$에

서의 순간변화율 또는 미분계수라 하고, 기호로 $f'(a)$와 같이 나타낸다.

$$f'(a)=\lim_{\Delta x \to 0}\frac{\Delta y}{\Delta x}=\lim_{\Delta x \to 0}\frac{f(a+\Delta x)-f(a)}{\Delta x}=\lim_{x \to a}\frac{f(x)-f(a)}{x-a}$$

평균변화율 〔미적분Ⅰ〕
함수 $y=f(x)$에서 $\dfrac{\Delta y}{\Delta x}=\dfrac{f(b)-f(a)}{b-a}=\dfrac{f(a+\Delta x)-f(a)}{\Delta x}$를 x의 값이 a에서 b까지 변할 때의 함수 $y=f(x)$의 평균변화율이라 한다.

미분계수
함수 $y=f(x)$에서 x의 값이 a에서 $a+\Delta x$까지 변할 때의 평균변화율의 극한값 $\lim_{\Delta x \to 0}\dfrac{f(a+\Delta x)-f(a)}{\Delta x}$를 미분계수 $f'(a)$라 한다.

도함수 〔미적분Ⅰ〕
정의역의 각 원소 x에 미분계수 $f'(x)$를 대응시키는 함수 $\lim_{\Delta x \to 0}\dfrac{f(x+\Delta x)-f(x)}{\Delta x}$를 함수 $f(x)$의 도함수 $f'(x)$라 한다.

같은 수를 여러 번 곱하여 거듭제곱으로 나타낼 때, 곱하는 수를 거듭제곱의 밑, 곱한 횟수를 거듭제곱의 지수라고 한다. 예를 들어 2^2, 2^3, 2^4, …에서 2를 **거듭제곱의 밑**이라고 한다.

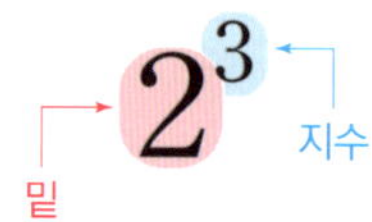

거듭제곱 중1	똑같은 수를 거듭 곱하는 것을 간단히 거듭제곱으로 나타낸다. $3\times3\times3\times3=3^4$
밑	같은 수를 여러 번 곱하여 거듭제곱으로 나타낼 때, 곱하는 수를 거듭제곱의 밑이라고 한다.
지수	같은 수를 여러 번 곱하여 거듭제곱으로 나타낼 때, 곱한 횟수를 거듭제곱의 지수라고 한다.

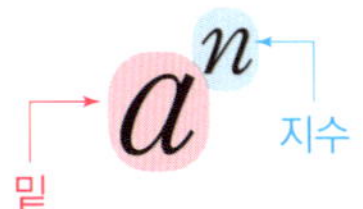

실수 a를 n번 곱한 것을 a의 n제곱이라 하고, a^n으로 나타낸다. 이때 a, a^2, a^3, $\cdots$을 통틀어 a의 거듭제곱이라 하고, a^n에서 a를 거듭제곱의 밑, n을 거듭제곱의 지수라고 한다.

$a>0$, $a\neq 1$일 때, 양수 N에 대하여 $a^x=N$을 만족시키는 실수 x는 오직 하나 존재한다. 이 실수 x를 기호로 $\log_a N$과 같이 나타내고, a를 밑으로 하는 **N의 로그**라고 한다.

개념 연결

밑, 지수
중1

같은 수를 여러 번 곱하여 거듭제곱으로 나타낼 때, 곱하는 수를 거듭제곱의 밑, 곱한 횟수를 거듭제곱의 지수라고 한다.

밑

$a>0$, $a\neq 1$일 때, 양수 N에 대하여 $a^x=N$을 만족시키는 실수 x를 기호로 $\log_a N$과 같이 나타내고, a를 밑으로 하는 N의 로그라고 한다.

진수
대수

$a>0$, $a\neq 1$일 때, 양수 N에 대하여 $a^x=N$을 만족시키는 실수 x를 기호로 $\log_a N$과 같이 나타내고, N을 $\log_a N$의 진수라고 한다.

두 양 x, y에서 x의 값이 2배, 3배, 4배, …로 변함에 따라 y의 값이 $\frac{1}{2}$배, $\frac{1}{3}$배, $\frac{1}{4}$배, …로 변하는 관계가 있을 때, y는 x에 반비례한다고 한다.

x	1	2	3	4	…
y	24	12	8	6	…

일반적으로 y가 x에 반비례하면 x와 y 사이의 관계식은 $y = \dfrac{a}{x}$ $(a \neq 0)$로 나타낼 수 있다.

$$y = \frac{a}{x} \leftarrow \text{일정한 수}$$

정비례 중1
두 양 x, y에서 x의 값이 2배, 3배, 4배, …로 변함에 따라 y의 값이 2배, 3배, 4배, …로 변하는 관계가 있을 때, y는 x에 정비례한다고 한다.

반비례
두 양 x, y에서 x의 값이 2배, 3배, 4배, …로 변함에 따라 y의 값이 $\frac{1}{2}$배, $\frac{1}{3}$배, $\frac{1}{4}$배, …로 변하는 관계가 있을 때, y는 x에 반비례한다고 한다.

함수 중2
두 변수 x, y에 대하여 x의 값이 변함에 따라 y의 값이 하나씩 정해지는 대응 관계가 있을 때, y를 x에 대한 함수라 한다.

함수 $f(x)$에서 x의 값이 a가 아니면서 a에 한없이 가까워질 때, $f(x)$가 어느 값으로도 수렴하지 않으면 함수 $f(x)$는 발산한다고 한다.

수렴 　미적분 I	함수 $f(x)$에서 x의 값이 a가 아니면서 a에 한없이 가까워질 때, $f(x)$의 값이 일정한 값 α에 한없이 가까워지면 함수 $f(x)$는 α에 수렴한다고 한다.
극한, 극한값 　미적분 I	함수 $f(x)$에서 x의 값이 a에 한없이 가까워질 때, $f(x)$의 값이 일정한 값 α에 한없이 가까워지면 α를 $x=a$에서 함수 $f(x)$의 극한값 또는 극한이라 한다.
발산	함수 $f(x)$에서 x의 값이 a가 아니면서 a에 한없이 가까워질 때, $f(x)$가 어느 값으로도 수렴하지 않으면 함수 $f(x)$는 발산한다고 한다.

등식 $4x=x+3$은 x의 값이 1일 때 참이 되고, x의 값이 2, 3, 4일 때 거짓이 된다. 이와 같이 x의 값에 따라 참이 되기도 하고 거짓이 되기도 하는 등식을 x에 대한 방정식이라고 한다. 이때 문자 x를 그 방정식의 미지수, 방정식을 참이 되게 하는 미지수의 값을 그 방정식의 해 또는 근이라고 한다. 또 방정식의 해를 구하는 것을 방정식을 푼다고 한다.

등식
중1

등호를 사용하여 수량 사이의 관계를 나타낸 식을 등식이라고 한다.

방정식

x의 값에 따라 참이 되기도 하고 거짓이 되기도 하는 등식을 x에 대한 방정식이라고 한다.

항등식
중1

미지수 x가 어떤 값을 갖더라도 항상 참이 되는 등식을 x에 대한 항등식이라고 한다.

표본공간 S의 두 사건 A, B에 대하여 A, B가 동시에 일어나지 않을 때, 즉 $A\cap B=\varnothing$일 때, 두 사건 A, B는 서로 **배반**이라 하고, 이 두 사건을 서로 **배반사건**이라고 한다.

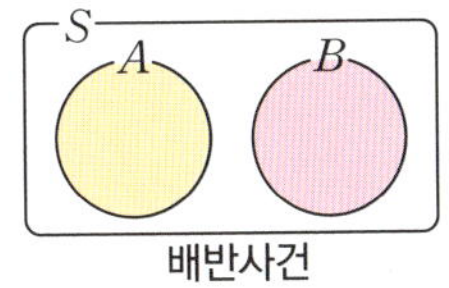

배반사건

개념 연결

사건 중2	같은 조건에서 반복할 수 있는 실험이나 관찰에서 나타나는 결과를 사건이라고 한다.
배반사건	두 사건 A, B가 동시에 일어나지 않을 때, 즉 $A\cap B=\varnothing$일 때, 두 사건 A, B는 서로 배반사건이라고 한다.
여사건 확률과 통계	사건 A에 대하여 A가 일어나지 않는 사건을 A의 여사건이라 한다.

어떤 수를 1배, 2배, 3배, … 한 수를 그 수의 배수라고 한다. 어떤 수의 배수는 셀 수 없이 많으며, 어떤 수의 배수 중 가장 작은 수는 1배인 어떤 수, 자기 자신이다.

예 6을 1배, 2배, 3배, … 하면 6, 12, 18, …이므로, 6, 12, 18, …은 6의 배수이다.

큰 수를 작은 수로 나누었을 때 나누어떨어지면 두 수는 **약수**와 **배수**의 관계이다.

예 $20 \div 4 = 5$ ➡ 20은 4의 배수이고, 4는 20의 약수이다.

약수 〔초등〕	어떤 수를 나누어떨어지게 하는 수를 그 수의 약수라고 한다.
배수	어떤 수를 1배, 2배, 3배, … 한 수를 그 수의 배수라고 한다.
공배수 〔초등〕	두 수의 배수 중 공통되는 배수를 두 수의 공배수라고 한다.

자료를 수량으로 나타낸 것을 변량이라고 한다. 자료 전체의 중심 경향이나 특징을 대표적으로 나타내는 값을 그 자료의 대푯값이라고 한다. 대푯값으로 가장 많이 사용되는 것은 평균이다.

전체를 고르게 만든 값을 **평균**이라고 하며 $(평균) = \dfrac{(자료의\ 값의\ 총합)}{(자료의\ 값의\ 개수)}$ 으로 계산한다.

평균	전체를 고르게 만든 값을 평균이라고 한다.
중앙값 중1	변량을 작은 값부터 크기순으로 나열했을 때 자료의 중앙에 위치한 값을 그 자료의 중앙값이라고 한다.
최빈값 중1	자료에서 가장 많이 나타난 값을 그 자료의 최빈값이라고 한다.

임의의 두 실수 a, b에 대하여 $a+bi$의 꼴로 나타내어지는 수를 복소수라 하고, 이때 a를 이 복소수의 **실수부분**, b를 이 복소수의 **허수부분**이라고 한다.

복소수 $a+bi$ (a, b는 실수)에서 $0i=0$으로 정하면 임의의 실수 a는 $a=a+0i$로 나타낼 수 있으므로 실수도 복소수이다.

실수가 아닌 복소수 $a+bi$ ($b\neq0$)를 허수라고 한다.

유리수
중1

두 정수 a, b에 대하여 $\dfrac{a}{b}$ ($b\neq0$)의 꼴로 나타낼 수 있는 수를 유리수라고 한다.

실수
중3

유리수와 무리수를 통틀어 실수라고 한다.

복소수

임의의 두 실수 a, b에 대하여 $a+bi$의 꼴로 나타내어지는 수를 복소수라고 한다.

부등호 $<$, $>$, $\leq$, $\geq$를 사용하여 수 또는 식 사이의 대소 관계를 나타낸 식을 부등식이라고 한다.

x의 값이 1, 2, 3일 때 부등식 $x+2<6$은 참이 되며, 4 이상일 때는 거짓이 된다. 이와 같이 미지수가 x인 부등식을 참이 되게 하는 x의 값을 그 부등식의 해라 하고, 부등식의 해를 모두 구하는 것을 부등식을 푼다고 한다.

등식 중1	등호를 사용하여 수량 사이의 관계를 나타낸 식을 등식이라고 한다.
부등식	부등호 $<$, $>$, $\leq$, $\geq$를 사용하여 수 또는 식 사이의 대소 관계를 나타낸 식을 부등식이라고 한다.
일차부등식 중2	모든 항을 좌변으로 이항하여 정리하였을 때, 좌변이 x에 대한 일차식인 부등식을 x에 대한 일차부등식이라고 한다.

두 집합 A, B에 대하여 A의 모든 원소가 B에 속할 때, A를 B의 부분집합이라 하고, 기호로 $A \subset B$와 같이 나타낸다.

이때 A는 B에 포함된다 또는 B는 A를 포함한다고 한다.

한편 집합 A가 집합 B의 부분집합이 아닐 때, 기호로 $A \not\subset B$와 같이 나타낸다.

모든 집합은 자기 자신의 부분집합이고, 공집합은 모든 집합의 부분집합으로 정한다. 즉, 집합 A에 대하여 $A \subset A$, $\varnothing \subset A$이다.

집합 [공통수학1]	어떤 조건에 의하여 그 대상을 분명히 정할 수 있을 때, 그 대상들의 모임을 집합이라고 한다.
부분집합	두 집합 A, B에 대하여 A의 모든 원소가 B에 속할 때, A를 B의 부분집합이라고 한다.
진부분집합 [공통수학1]	두 집합 A, B에 대하여 $A \subset B$이고 $A \neq B$일 때, A를 B의 진부분집합이라고 한다.

명제 또는 조건 p에 대하여 'p가 아니다.'를 p의 **부정**이라 하고, 기호로 $\sim p$와 같이 나타낸다.

명제 p가 참이면 $\sim p$는 거짓이고, 명제 p가 거짓이면 $\sim p$는 참이다. 명제 또는 조건 p에 대하여 $\sim p$의 부정은 p이다.

즉, $\sim(\sim p)=p$이다.

명제 [공통수학2]	참, 거짓을 명확하게 판별할 수 있는 문장이나 식
조건 [공통수학2]	변수의 값에 따라 참, 거짓을 판별할 수 있는 문장이나 식
부정	명제 또는 조건 p에 대하여 'p가 아니다.'를 p의 부정이라 하고, 기호로 $\sim p$와 같이 나타낸다.

함수 $F(x)$의 도함수가 $f(x)$일 때, 즉 $F'(x)=f(x)$일 때, 함수 $F(x)$를 $f(x)$의 부정적분이라고 한다. 부정적분 $F(x)$는 무수히 많고 상수항만 다르다. 따라서 $f(x)$의 한 부정적분을 $F(x)$라고 하면 $f(x)$의 임의의 부정적분은 $F(x)+C$ (C는 상수)와 같이 나타낼 수 있고, 기호로 $\int f(x)\,dx$와 같이 나타낸다.

즉, 함수 $f(x)$의 부정적분은 $\int f(x)\,dx=F(x)+C$ (C는 상수)

이다. 이때 상수 C를 적분상수라고 한다.

도함수 미적분 I	정의역의 각 원소 x에 미분계수 $f'(x)$를 대응시키는 함수 $\lim\limits_{\Delta x \to 0}\dfrac{f(x+\Delta x)-f(x)}{\Delta x}$를 함수 $f(x)$의 도함수 $f'(x)$라 한다.
부정적분	함수 $F(x)$의 도함수가 $f(x)$일 때, 즉 $F'(x)=f(x)$일 때, 함수 $F(x)$를 $f(x)$의 부정적분이라고 한다.
정적분 미적분 I	함수 $f(x)$가 닫힌구간 $[a,\ b]$에서 연속일 때, 함수 $f(x)$의 한 부정적분 $F(x)$에 대하여 $F(b)-F(a)$를 $f(x)$의 a에서 b까지의 정적분이라 하고, 이것을 기호 $\int_a^b f(x)\,dx$로 나타낸다.

오른쪽 그림과 같이 원 O에서 호 AB와 두 반지름 OA, OB로 이루어진 도형을 부채꼴 AOB라고 한다. 부채꼴 AOB에서 ∠AOB를 호 AB에 대한 중심각 또는 부채꼴 AOB의 중심각이라 하고, $\widehat{AB}$를 ∠AOB에 대한 호라고 한다. 또 원 O에서 현 CD와 호 CD로 이루어진 도형을 활꼴이라고 한다.

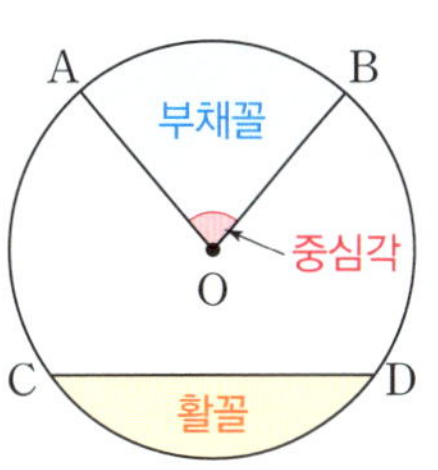

부채꼴	원 O에서 두 반지름 OA, OB와 호 AB로 이루어진 도형을 부채꼴이라고 한다.	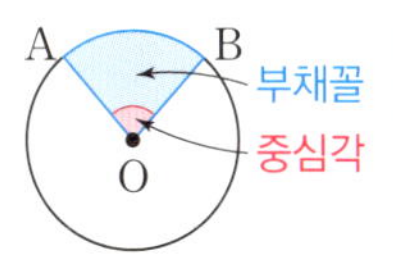

중심각	부채꼴에서 두 반지름 OA, OB가 이루는 ∠AOB를 부채꼴 AOB의 중심각 또는 호 AB에 대한 중심각이라고 한다.

원주각  중1	원 O에서 $\widehat{AB}$ 위에 있지 않은 점 P에 대하여 ∠APB를 $\widehat{AB}$에 대한 원주각이라 한다.	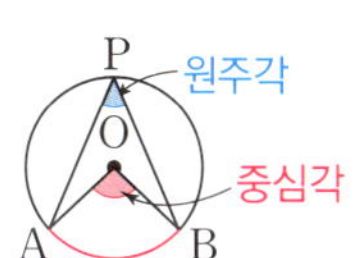

$\dfrac{\sqrt{2}}{\sqrt{3}}$ 의 분모와 분자에 각각 $\sqrt{3}$을 곱하면 $\dfrac{\sqrt{2}}{\sqrt{3}}=\dfrac{\sqrt{2}\times\sqrt{3}}{\sqrt{3}\times\sqrt{3}}=\dfrac{\sqrt{6}}{3}$ 과 같이 분모를 유리수로 고칠 수 있다. 이와 같이 분모가 근호가 있는 무리수일 때, 분모와 분자에 0이 아닌 같은 수를 곱하여 분모를 유리수로 고치는 것을 분모의 유리화라고 한다.

분모의 유리화

$$a>0,\ b>0 일\ 때\quad \frac{\sqrt{a}}{\sqrt{b}}=\frac{\sqrt{a}\times\sqrt{b}}{\sqrt{b}\times\sqrt{b}}=\frac{\sqrt{ab}}{b}$$

개념 연결

분수의 성질
초등

분수의 분자와 분모에 0이 아닌 같은 수를 곱해도 분수는 같다.

제곱근의 성질
중3

$a>0$일 때
$(\sqrt{a})^2=a$
$(-\sqrt{a})^2=a$

분모의 유리화

분모가 근호가 있는 무리수일 때, 분모와 분자에 0이 아닌 같은 수를 곱하여 분모를 유리수로 고치는 것을 분모의 유리화라고 한다.

$$(x+1)(2x+3)=(x+1)\times 2x+(x+1)\times 3$$

과 같이 어떤 다항식에 두 다항식의 합을 곱한 것은 어떤 다항식에 두 다항식을 각각 곱하여 더한 것과 같다. 이것을 덧셈에 대한 곱셈의 분배법칙이라고 한다.

세 다항식 A, B, C에 대하여

$$A(B+C)=AB+AC,\ (A+B)C=AC+BC$$

교환법칙(다항식)
공통수학1

다항식의 덧셈과 곱셈에서도 수와 마찬가지로 교환법칙이 성립한다. 두 다항식 A, B에 대하여
$$A+B=B+A,\ AB=BA$$

결합법칙(다항식)
공통수학1

다항식의 덧셈과 곱셈에서도 수와 마찬가지로 결합법칙이 성립한다. 세 다항식 A, B, C에 대하여
$$(A+B)+C=A+(B+C),\ (AB)C=A(BC)$$

분배법칙(다항식)

다항식의 연산에서도 수와 마찬가지로 덧셈에 대한 곱셈의 분배법칙이 성립한다. 세 다항식 A, B, C에 대하여
$$A(B+C)=AB+AC,\ (A+B)C=AC+BC$$

$5\times(2+3)=5\times2+5\times3, \quad (2+3)\times5=2\times5+3\times5$

와 같이 어떤 수에 두 수의 합을 곱한 것은 어떤 수에 두 수를 각각 곱하여 더한 것과 같다. 이것을 덧셈에 대한 곱셈의 분배법칙이라고 한다.

분배법칙

세 수 a, b, c에 대하여

$$a\times(b+c)=a\times b+a\times c, \quad (a+b)\times c=a\times c+b\times c$$

교환법칙(실수)
중1

두 수 a, b에 대하여 $a+b=b+a$, $a\times b=b\times a$가 성립하고, 이를 각각 덧셈과 곱셈에 대한 교환법칙이라고 한다.

결합법칙(실수)
중1

세 수 a, b, c에 대하여
$$(a+b)+c=a+(b+c), \ (a\times b)\times c=a\times(b\times c)$$
가 성립하고, 이를 각각 덧셈과 곱셈에 대한 결합법칙이라고 한다.

분배법칙(실수)

세 수 a, b, c에 대하여
$$a(b+c)=ab+ac, \ (a+b)c=ac+bc$$
가 성립하고, 이를 덧셈에 대한 곱셈의 분배법칙이라고 한다.

세 집합 A, B, C에 대하여

$$A\cap(B\cup C)=(A\cap B)\cup(A\cap C),\ A\cup(B\cap C)=(A\cup B)\cap(A\cup C)$$

가 성립한다. 이것을 집합의 연산에 대한 분배법칙이라고 한다.

교환법칙(집합)
공통수학2

두 집합 A, B에 대하여
$$A\cup B=B\cup A,\ A\cap B=B\cap A$$
가 성립하고, 이를 각각 합집합과 교집합에 대한 교환법칙이라고 한다.

결합법칙(집합)
공통수학2

세 집합 A, B, C에 대하여
$$(A\cup B)\cup C=A\cup(B\cup C),\ (A\cap B)\cap C=A\cap(B\cap C)$$
가 성립하고, 이를 각각 합집합과 교집합에 대한 결합법칙이라고 한다.

분배법칙(집합)

세 집합 A, B, C에 대하여
$$A\cap(B\cup C)=(A\cap B)\cup(A\cap C),$$
$$A\cup(B\cap C)=(A\cup B)\cap(A\cup C)$$
가 성립하고, 이를 집합의 연산에 대한 분배법칙이라고 한다.

어떤 자료가 있을 때, 각 자료의 값에서 평균을 뺀 값을 **편차**라고 한다.
어떤 자료의 편차의 제곱의 평균을 그 자료의 분산이라 하고, 분산의 음이 아닌
제곱근을 표준편차라고 한다.

분산과 표준편차

$$\cdot\ (분산)=\frac{\{(편차)^2의\ 합\}}{(자료의\ 개수)} \qquad \cdot\ (표준편차)=\sqrt{(분산)}$$

산포도 중3	자료가 흩어져 있는 정도를 하나의 수로 나타낸 값을 산포도라고 한다.
분산	각 편차의 제곱의 평균을 분산이라고 한다.
표준편차	분산의 음이 아닌 제곱근을 표준편차라고 한다.

이산확률변수 X의 확률질량함수가 $\mathrm{P}(X=x_i)=p_i\,(i=1,\ 2,\ 3,\ \cdots,\ n)$일 때,

X의 분산 $\mathrm{V}(X)$와 표준편차 $\sigma(X)$는

$$\mathrm{V}(X)=\mathrm{E}((X-m)^2)=(x_1-m)^2p_1+(x_2-m)^2p_2+\cdots+(x_n-m)^2p_n$$

$$\sigma(X)=\sqrt{\mathrm{V}(X)}$$

확률변수 X가 이항분포 $\mathrm{B}(n,\ p)$를 따를 때

$$\mathrm{V}(X)=npq,\ \sigma(X)=\sqrt{npq}\ (단,\ q=1-p)$$

평균 초등	전체를 고르게 만든 값을 평균이라고 한다.

분산 중3	각 편차의 제곱의 평균을 분산이라고 한다.

이산확률변수의 분산	이산확률변수 X의 확률질량함수가 $\mathrm{P}(X=x_i)=p_i$일 때, X의 분산 $\mathrm{V}(X)$는 $\mathrm{V}(X)=\displaystyle\sum_{i=1}^{n}(x_i-m)^2p_i$이다.

사분면(四分面)은 4개로 나누어진 면이라는 뜻이다.
좌표평면은 오른쪽 그림과 같이 좌표축에 의하여 네 부분으로 나누어지는데, 그 네 부분을 각각 **제1사분면**, **제2사분면**, **제3사분면**, **제4사분면**이라고 한다.

| 좌표 중1 | 좌표평면 위의 한 점 P에서 x축, y축에 내린 수선이 축과 만나는 점에 대응하는 수를 각각 a, b라고 할 때, 순서쌍 (a, b)를 점 P의 좌표라 한다. |

| 좌표평면 중1 | 서로 수직으로 만나는 좌표축(x축과 y축)이 정해져 있는 평면을 좌표평면이라고 한다. |

| 사분면 | 좌표평면 위의 네 부분을 제1사분면, 제2사분면, 제3사분면, 제4사분면이라고 한다. |

자료 전체를 4등분 하는 값을 사분위수라 하고, 이때 자료 전체의 반을 나누는 중앙값을 기준으로 왼쪽과 오른쪽의 반을 각각 다시 반으로 나누는 중앙값을 **제1사분위수**와 **제3사분위수**라고 한다. **제2사분위수**와 **제4사분위수**는 각각 중앙값, 최댓값과 같다.

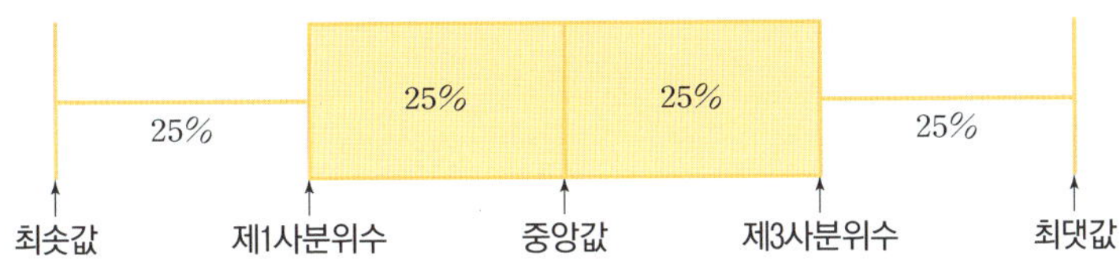

히스토그램 중1	어떤 비교 대상의 양이나 수치 따위의 분포를 그에 비례하는 막대 모양의 도형으로 나타낸 그래프를 히스토그램이라고 한다.
사분위수	자료 전체를 4등분 하는 값을 사분위수라 한다.
상자그림 중3	자료의 특성이나 분포를 나타내기 위하여 최솟값, 제1사분위수, 중앙값, 제3사분위수, 최댓값을 하나의 그림에 요약한 것을 상자그림이라 한다.

삼각형 ABC에서 외접원의 반지름의 길이를 R이라고 하면 삼각형의 세 변의 길이와 세 각의 크기 사이에는 다음과 같은 관계가 성립한다.

$$\frac{a}{\sin A}=\frac{b}{\sin B}=\frac{c}{\sin C}=2R$$

이를 사인법칙이라고 한다.

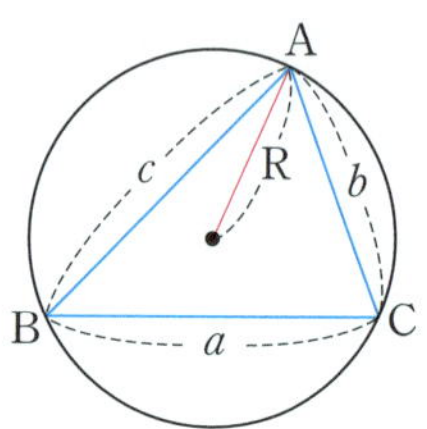

개념 연결

외심, 외접원 중2	삼각형의 세 변의 수직이등분선은 한 점에서 만난다. 이 점을 외심이라고 한다. 외심을 중심으로 삼각형의 세 꼭짓점을 모두 지나는 원을 외접원이라고 한다.

사인법칙	삼각형 ABC에서 외접원의 반지름의 길이를 R이라고 하면 $$\frac{a}{\sin A}=\frac{b}{\sin B}=\frac{c}{\sin C}=2R$$

코사인법칙 대수	삼각형 ABC에서 $a^2=b^2+c^2-2bc\cos A$ $b^2=c^2+a^2-2ca\cos B$ $c^2=a^2+b^2-2ab\cos C$

그림과 같이 각 θ를 나타내는 동경과 단위원의 교점을 $P(x, y)$라 하면 $\sin\theta = \dfrac{y}{1} = y$이다.

따라서 점 P가 원 $x^2 + y^2 = 1$ 위를 움직일 때 $\sin\theta$의 값은 점 P의 y좌표로 정해진다.

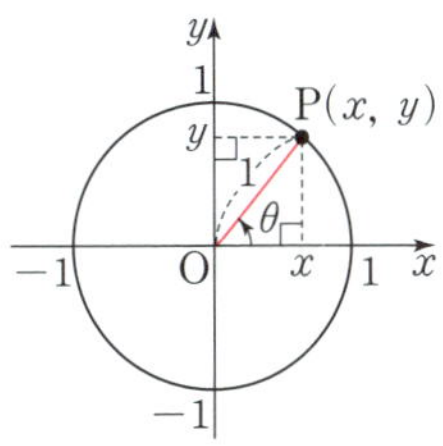

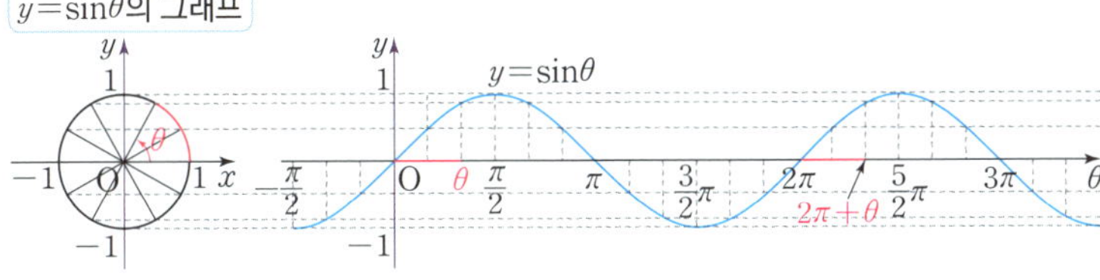

개념 연결

삼각비 〔중3〕

$\angle C = 90°$인 직각삼각형 ABC에서

$\sin A = \dfrac{\overline{BC}}{\overline{AB}} = \dfrac{a}{c}$, $\cos A = \dfrac{\overline{AC}}{\overline{AB}} = \dfrac{b}{c}$,

$\tan A = \dfrac{\overline{BC}}{\overline{AC}} = \dfrac{a}{b}$

삼각함수 〔대수〕

그림에서

$\sin\theta = \dfrac{y}{r}$, $\cos\theta = \dfrac{x}{r}$, $\tan\theta = \dfrac{y}{x}$

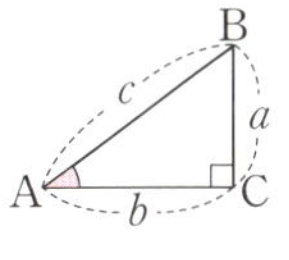

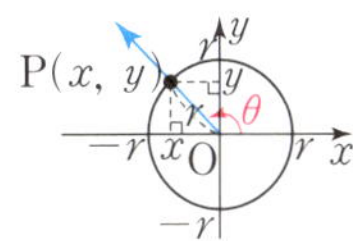

사인함수

점 P가 원점을 중심으로 하는 단위원 위를 움직일 때, 각의 크기 θ를 정의역으로 하는 함수 $y = \sin\theta$를 사인함수라 한다.

함수 $f(x)$가 닫힌구간 $[a,\ b]$에서 연속이고 $f(a)\neq f(b)$일 때, $f(a)$와 $f(b)$ 사이의 임의의 값 k에 대하여 $f(c)=k$인 c가 열린구간 $(a,\ b)$에 적어도 하나 존재한다.

이를 사잇값 정리라고 한다.

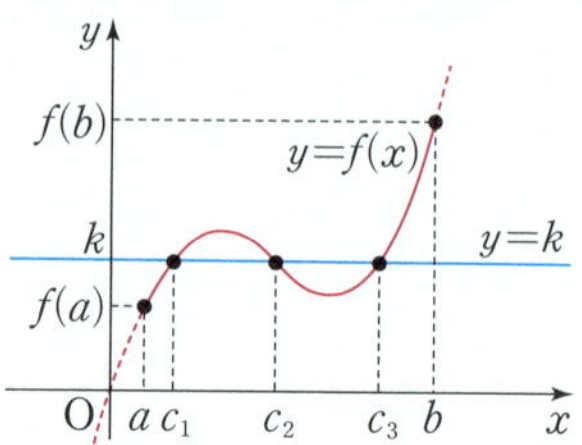

사잇값 정리

함수 $f(x)$가 구간 $[a,\ b]$에서 연속이고 $f(a)\neq f(b)$이면 $f(a)$와 $f(b)$ 사이의 임의의 실수 k에 대하여 $f(c)=k$인 c가 구간 $(a,\ b)$에 적어도 하나 존재한다.

롤의 정리 [미적분 I]

함수 $f(x)$가 구간 $[a,\ b]$에서 연속이고 구간 $(a,\ b)$에서 미분가능할 때, $f(a)=f(b)$이면 $f'(c)=0$인 c가 구간 $(a,\ b)$에 적어도 하나 존재한다.

평균값 정리 [미적분 I]

함수 $f(x)$가 구간 $[a,\ b]$에서 연속이고 구간 $(a,\ b)$에서 미분가능할 때, $\dfrac{f(b)-f(a)}{b-a}=f'(c)$인 c가 구간 $(a,\ b)$에 적어도 하나 존재한다.

두 변량 x, y의 순서쌍 (x, y)를 좌표평면 위에 나타낸 그림을 두 변량 x, y의 산점도라고 한다.

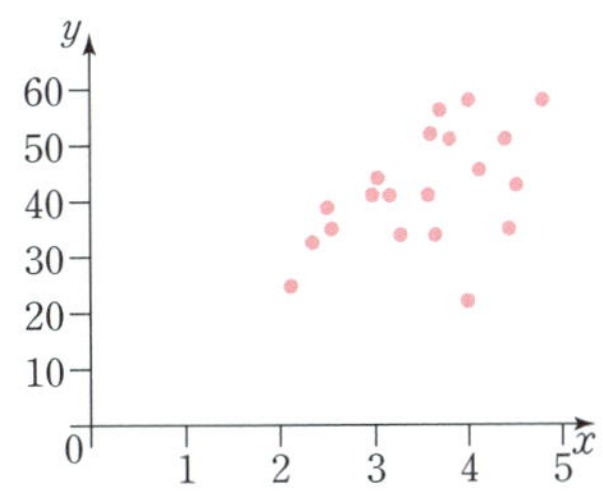

 **개념 연결**

일차함수의 그래프의 기울기 중1

일차함수 $y=ax+b$의 그래프에서
① $a>0$이면 그래프는 오른쪽 위로 올라간다.
② $a<0$이면 그래프는 오른쪽 아래로 내려간다.

산점도

두 변량의 순서쌍을 좌표로 하는 점을 좌표평면 위에 나타낸 그래프를 산점도라고 한다.

상관관계 중3

두 변량 중 한쪽이 증가할 때 다른 한쪽이 증가 또는 감소하는 경향을 나타내는 두 변량 사이의 관계를 상관관계라 한다.

산포도

자료가 흩어져 있는 정도를 하나의 수로 나타낸 값을 산포도라고 한다. 산포도는 자료가 평균을 중심으로 흩어져 있는 정도를 이용하여 구할 수 있다.

산포도에는 분산과 표준편차 등이 있다.

대푯값 중1
자료 전체의 중심 경향이나 특징을 대표적으로 나타내는 값을 그 자료의 대푯값이라고 한다.

산포도
자료가 흩어져 있는 정도를 하나의 수로 나타낸 값을 산포도라고 한다.

표준편차 중3
각 편차의 제곱의 평균을 분산이라 하고, 분산의 음이 아닌 제곱근을 표준편차라고 한다.

$\angle C = 90°$인 직각삼각형 ABC에서 $\angle A$, $\angle B$, $\angle C$의 대변의 길이를 각각 a, b, c라고 하면

$$\sin A = \frac{a}{c},\ \cos A = \frac{b}{c},\ \tan A = \frac{a}{b}$$

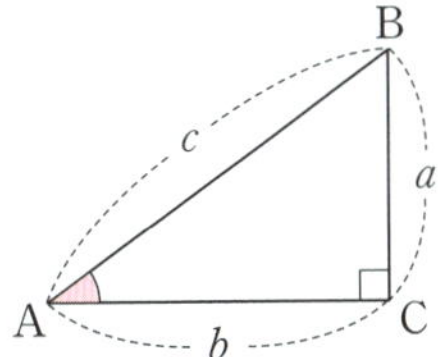

삼각형의 닮음 중2	두 삼각형 ABC, A′B′C′에서 두 쌍의 대응각의 크기가 각각 같으면 $\triangle ABC \backsim \triangle A′B′C′$	

삼각비	$\angle C = 90°$인 직각삼각형 ABC에서 $\sin A = \dfrac{\overline{BC}}{\overline{AB}} = \dfrac{a}{c}$, $\cos A = \dfrac{\overline{AC}}{\overline{AB}} = \dfrac{b}{c}$, $\tan A = \dfrac{\overline{BC}}{\overline{AC}} = \dfrac{a}{b}$	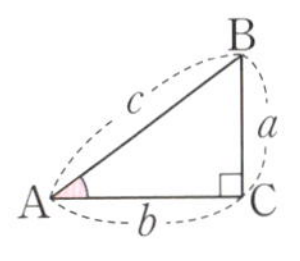

삼각함수 대수	그림에서 $\sin \theta = \dfrac{y}{r}$, $\cos \theta = \dfrac{x}{r}$, $\tan \theta = \dfrac{y}{x}$	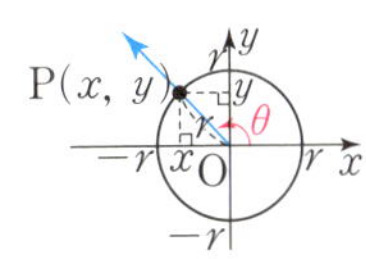

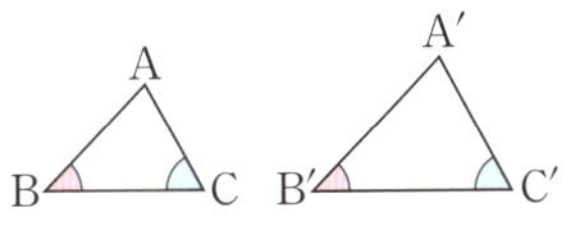

동경 OP가 나타내는 각의 크기를 θ라고 하면

$\sin\theta=\dfrac{y}{r}$, $\cos\theta=\dfrac{x}{r}$, $\tan\theta=\dfrac{y}{x}$ (단, $x\neq0$)이다.

이 함수를 각각 **사인함수**, **코사인함수**, **탄젠트함수**

라 하고 이와 같이 정의한 함수를 통틀어 θ에 대한

삼각함수라고 한다.

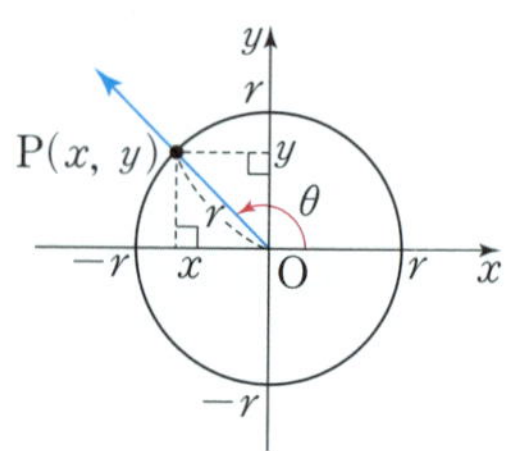

삼각형의 닮음 중2	두 삼각형 ABC, A′B′C′에서 두 쌍의 대응각의 크기가 각각 같으면 $\triangle ABC\sim\triangle A'B'C'$	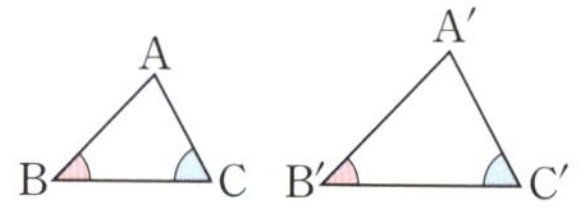
삼각비 중3	$\angle C=90°$인 직각삼각형 ABC에서 $\sin A=\dfrac{\overline{BC}}{\overline{AB}}=\dfrac{a}{c}$, $\cos A=\dfrac{\overline{AC}}{\overline{AB}}=\dfrac{b}{c}$, $\tan A=\dfrac{\overline{BC}}{\overline{AC}}=\dfrac{a}{b}$	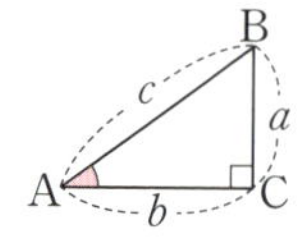
삼각함수	그림에서 $\sin\theta=\dfrac{y}{r}$, $\cos\theta=\dfrac{x}{r}$, $\tan\theta=\dfrac{y}{x}$	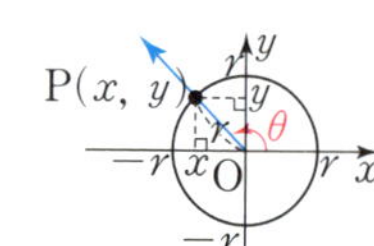

두 삼각형은 다음의 각 경우에 서로 닮음이다.

① 세 쌍의 대응변의 길이의 비가 같을 때(SSS 닮음)

$a : a' = b : b' = c : c'$

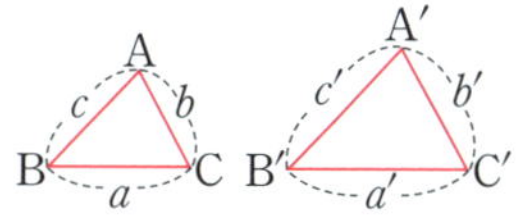

② 두 쌍의 대응변의 길이의 비가 같고, 그 끼인각의 크기가 같을 때(SAS 닮음)

$a : a' = c : c'$, $\angle B = \angle B'$

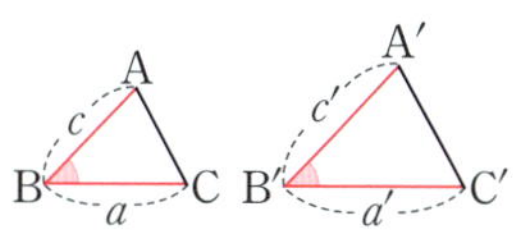

③ 두 쌍의 대응각의 크기가 각각 같을 때(AA 닮음)

$\angle B = \angle B'$, $\angle C = \angle C'$

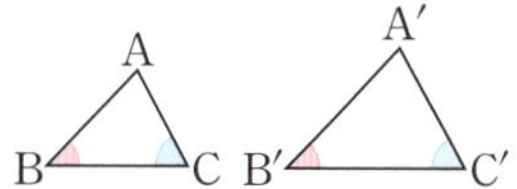

 **개념 연결**

삼각형의 합동 조건 중1	두 삼각형은 다음의 각 경우에 서로 합동이다. ① 세 쌍의 대응변의 길이가 각각 같을 때 ② 두 쌍의 대응변의 길이가 각각 같고, 그 끼인각의 크기가 같을 때 ③ 한 쌍의 대응변의 길이가 같고, 그 양 끝 각의 크기가 각각 같을 때
닮음 중2	한 도형을 일정한 비율로 확대하거나 축소한 도형이 다른 도형과 합동일 때, 이 두 도형은 서로 닮음인 관계가 있다고 한다.
삼각형의 닮음 조건	두 삼각형은 다음의 경우에 서로 닮음이다. ① 세 쌍의 대응변의 길이의 비가 같을 때 ② 두 쌍의 대응변의 길이의 비가 같고, 그 끼인각의 크기가 같을 때 ③ 두 쌍의 대응각의 크기가 각각 같을 때

두 삼각형은 다음의 각 경우에 서로 합동이다.

① 대응하는 세 변의 길이가 각각 같을 때(SSS 합동)

② 대응하는 두 변의 길이가 각각 같고, 그 끼인각의 크기가 같을 때(SAS 합동)

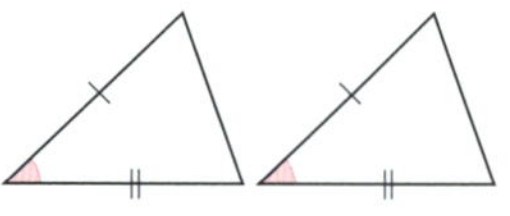

③ 대응하는 한 변의 길이가 같고, 그 양 끝 각의 크기가 각각 같을 때(ASA 합동)

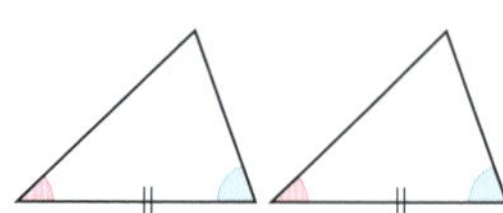

개념 연결

합동 중1	모양과 크기가 같아서 포개었을 때 완전히 겹치는 두 도형을 서로 합동이라고 한다.
삼각형의 합동 조건	두 삼각형은 다음의 각 경우에 서로 합동이다. ① 세 쌍의 대응변의 길이가 각각 같을 때 ② 두 쌍의 대응변의 길이가 각각 같고, 그 끼인각의 크기가 같을 때 ③ 한 쌍의 대응변의 길이가 같고, 그 양 끝 각의 크기가 각각 같을 때
삼각형의 닮음 조건 중2	두 삼각형은 다음의 각 경우에 서로 닮음이다. ① 세 쌍의 대응변의 길이의 비가 같을 때 ② 두 쌍의 대응변의 길이의 비가 같고, 그 끼인각의 크기가 같을 때 ③ 두 쌍의 대응각의 크기가 각각 같을 때

다항식 $P(x)$가 x에 대한 삼차식, 사차식일 때 방정식 $P(x)=0$을 각각 x에 대한 삼차방정식, 사차방정식이라고 한다.

일반적으로 삼차 이상의 방정식을 풀기는 쉽지 않지만, 인수정리와 조립제법을 이용해 인수분해하여 그 해를 구할 수 있다.

일차방정식
중1

등식의 모든 항을 좌변으로 이항하여 정리한 식이 (x에 대한 일차식)$=0$의 꼴로 나타나는 방정식을 x에 대한 일차방정식이라고 한다.

이차방정식
중3

등식의 모든 항을 좌변으로 이항하여 정리한 식이 (x에 대한 이차식)$=0$의 꼴로 나타나는 방정식을 x에 대한 이차방정식이라고 한다.

삼차방정식, 사차방정식

다항식 $P(x)$가 x에 대한 삼차식, 사차식일 때 방정식 $P(x)=0$을 각각 x에 대한 삼차방정식, 사차방정식이라고 한다.

두 변량에 대하여 한 변량의 값이 변함에 따라 다른 변량의 값이 변하는 경향이 있을 때, 이 두 변량 사이의 관계를 상관관계라고 한다. 특히, 한 변량의 값이 증가함에 따라 다른 변량의 값도 대체적으로 증가하는 경향이 있을 때, 이 두 변량 사이에는 양의 상관관계가 있다고 한다. 거꾸로 한 변량의 값이 증가함에 따라 다른 변량의 값이 대체로 감소하는 경향이 있을 때, 이 두 변량 사이에는 음의 상관관계가 있다고 한다.

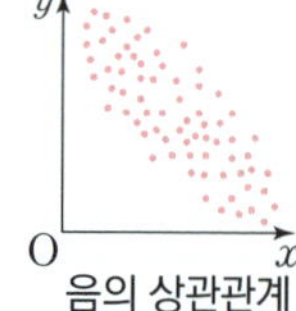

개념 연결

일차함수의 그래프의 기울기 중1

일차함수 $y=ax+b$의 그래프에서
① $a>0$이면 그래프는 오른쪽 위로 올라간다.
② $a<0$이면 그래프는 오른쪽 아래로 내려간다.

산점도 중3

두 변량의 순서쌍을 좌표로 하는 점을 좌표평면 위에 나타낸 그래프를 산점도라고 한다.

상관관계

두 변량 중 한쪽이 증가할 때 다른 한쪽이 증가 또는 감소하는 경향을 나타내는 두 변량 사이의 관계를 상관관계라 한다.

100 상대도수 중1

도수의 총합이 다른 두 집단의 분포를 비교할 때는 각 계급의 도수를 비교하는 것보다 각 계급의 도수가 전체에서 차지하는 비율을 비교하는 것이 더 적절하다. 이때 도수분포표에서 도수의 총합에 대한 각 계급의 도수의 비율을 그 계급의 상대도수라고 한다.

상대도수

$$(\text{어떤 계급의 상대도수}) = \frac{(\text{그 계급의 도수})}{(\text{도수의 총합})}$$

도수 중1	도수분포표에서 각 계급에 속하는 자료의 수를 그 계급의 도수라고 한다.
상대도수	도수분포표에서 도수의 총합에 대한 각 계급의 도수의 비율을 그 계급의 상대도수라고 한다.
확률 중2	각 경우가 일어날 가능성이 모두 같을 때, 일어나는 모든 경우의 수에 대한 사건 A가 일어나는 경우의 수의 비율을 사건 A가 일어날 확률이라고 한다.

함수 $f: X \longrightarrow Y$에서 정의역 X의 모든 원소 x에 대하여 공역 Y의 오직 한 원소가 대응할 때, 즉 $f(x)=c$ (c는 상수)일 때, 함수 f를 상수함수라고 한다.

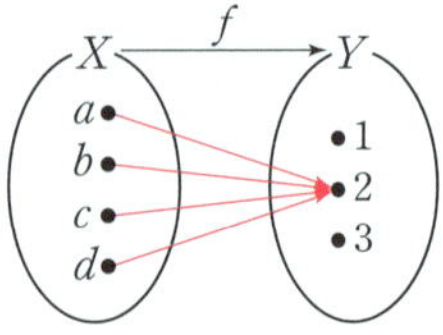

개념 연결

함수
공통수학2

두 집합 X, Y에 대하여 X의 각 원소에 Y의 원소가 오직 하나씩 대응할 때, 이 대응을 X에서의 Y로의 함수라고 한다.

항등함수
공통수학2

함수 $f: X \longrightarrow Y$에서 정의역 X의 각 원소 x에 그 자신 x가 대응할 때, 즉 $f(x)=x$일 때, 함수 f를 집합 X에서의 항등함수라고 한다.

상수함수

함수 $f: X \longrightarrow Y$에서 정의역 X의 모든 원소 x에 대하여 공역 Y의 오직 한 원소가 대응할 때, 즉 $f(x)=c$ (c는 상수)일 때, 함수 f를 상수함수라고 한다.

$\log_{10} x$와 같이 10을 밑으로 하는 로그를 상용로그라 하고, 양수 N의 상용로그 $\log_{10} N$은 밑 10을 생략하여 $\log N$과 같이 나타낼 수 있다.

개념 연결

지수 대수
어떤 수 a를 여러 번 곱한 a의 거듭제곱 a^n에서 n을 거듭제곱의 지수라고 한다.

로그 대수
$a > 0$, $a \neq 1$일 때, 양수 N에 대하여 $a^x = N$을 만족시키는 실수 $x = \log_a N$을 a를 밑으로 하는 N의 로그라고 한다.

상용로그
10을 밑으로 하는 로그를 상용로그라 하고, 보통 밑 10을 생략하여 $\log N$과 같이 나타낼 수 있다.

자료의 특성이나 분포를 나타내기 위하여 최솟값, 제1사분위수, 중앙값, 제3사분위수, 최댓값을 하나의 그림에 요약한 것을 상자그림이라고 한다.

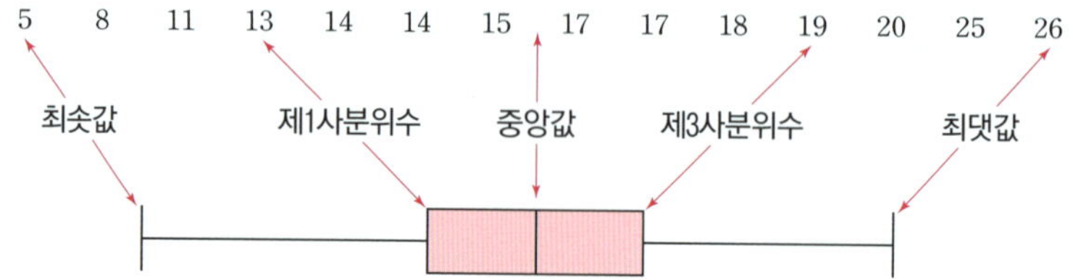

히스토그램
중1

어떤 비교 대상의 양이나 수치 따위의 분포를 그에 비례하는 막대 모양의 도형으로 나타낸 그래프를 히스토그램이라고 한다.

사분위수
중3

자료 전체를 4등분 하는 값을 사분위수라 한다.

상자그림

자료의 특성이나 분포를 나타내기 위하여 최솟값, 제1사분위수, 중앙값, 제3사분위수, 최댓값을 하나의 그림에 요약한 것을 상자그림이라 한다.

중1

최대공약수가 1인 두 자연수를 서로소라고 한다.

㉠ 두 자연수 5와 8의 최대공약수는 1이므로 5와 8은 서로소이다.

공통수학1

두 집합 A, B에 대하여 A와 B의 공통인 원소가 하나도 없을 때, 즉 $A \cap B = \varnothing$일 때, A와 B는 서로소라고 한다.

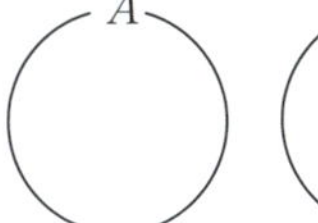

개념 연결

서로소	최대공약수가 1인 두 자연수를 서로소라고 한다.
서로소	두 집합 A, B에 대하여 A와 B의 공통인 원소가 하나도 없을 때, 즉 $A \cap B = \varnothing$일 때, A와 B는 서로소라고 한다.
배반사건 확률과 통계	두 사건 A, B가 동시에 일어나지 않을 때, 즉 $A \cap B = \varnothing$일 때, 두 사건 A, B는 서로 배반사건이라고 한다.

1보다 큰 자연수 중 약수가 1과 자기 자신뿐인 수를 소수라고 한다. 그리고 1보다 큰 자연수 중에서 소수가 아닌 수를 합성수라고 한다. 즉, 합성수는 1과 자기 자신 이외의 수를 약수로 가진다. 이때, 1은 소수도 아니고 합성수도 아니다.

예 13은 약수가 1과 13뿐이므로 소수이다.

27은 약수가 1, 3, 9, 27이므로 합성수이다.

1보다 큰 자연수를 소인수들만의 곱으로 나타내는 것을 **소인수분해**한다고 한다.

소인수분해하는 방법들

90을 소인수분해 하시오.

풀이
$$90 = 2 \times 45$$
$$= 2 \times 3 \times 15$$
$$= 2 \times 3 \times 3 \times 5$$
$$= 2 \times 3^2 \times 5$$

$$90 = 2 \times 3^2 \times 5$$

$$90 = 2 \times 3^2 \times 5$$

개념 연결

약수 초등

어떤 수를 나누어떨어지게 하는 수를 약수라고 한다.

소수 중1

1보다 큰 자연수 중 약수가 1과 자기 자신뿐인 수를 소수라고 한다.

소인수분해

어떤 자연수를 소인수만의 곱으로 나타내는 것을 소인수분해라 한다.

함수 $f(x)$에서 x의 값이 a가 아니면서 a에 한없이 가까워질 때, $f(x)$의 값이 일정한 값 α에 한없이 가까워지면 함수 $f(x)$는 α에 수렴한다고 한다.

| 수렴 | 함수 $f(x)$에서 x의 값이 a가 아니면서 a에 한없이 가까워질 때, $f(x)$의 값이 일정한 값 α에 한없이 가까워지면 함수 $f(x)$는 α에 수렴한다고 한다. |

| 극한, 극한값 [미적분 I] | 함수 $f(x)$에서 x의 값이 a에 한없이 가까워질 때, $f(x)$의 값이 일정한 값 α에 한없이 가까워지면 α를 $x=a$에서 함수 $f(x)$의 극한값 또는 극한이라 한다. |

| 발산 [미적분 I] | 함수 $f(x)$에서 x의 값이 a가 아니면서 a에 한없이 가까워질 때, $f(x)$가 어느 값으로도 수렴하지 않으면 함수 $f(x)$는 발산한다고 한다. |

두 직선이 만나서 이루는 각이 직각($90°$)일 때, 두 직선은 서로 수직이라고 한다. 두 직선이 수직일 때 간단히  로 나타낸다. 수직인 두 직선이 이루는 각은 $90°$이다.

두 직선이 서로 수직으로 만날 때, 한 직선을 다른 직선에 대한 수선이라고 한다.

개념 연결

수직	두 직선이 만나서 이루는 각이 직각($90°$)일 때, 두 직선은 서로 수직이라고 한다.
교각 중1	서로 교차하는 두 직선이 한 점에서 만날 때 만들어지는 네 개의 각을 두 직선의 교각이라고 한다.
직교 중1	두 직선의 교각이 직각일 때, 두 직선은 직교한다고 한다. 이때 두 직선은 서로 수직이고 한 직선은 다른 직선의 수선이다.

차례로 나열한 수의 열을 수열이라 하고, 나열된 각 수를 그 수열의 항이라고 한다. 이때 각 항을 앞에서부터 차례로 첫째항, 둘째항, 셋째항, $\cdots$, n째항, $\cdots$ 또는 제1항, 제2항, 제3항, $\cdots$, 제n항, $\cdots$이라고 한다.

일반적으로 수열을 나타낼 때는 각 항에 번호를 붙여 a_1, a_2, a_3, $\cdots$, a_n, $\cdots$과 같이 나타낸다.

이때 제n항 a_n을 이 수열의 일반항이라 하고, 일반항이 a_n인 수열을 기호로 $\{a_n\}$과 같이 나타낸다.

수열	차례대로 나열된 수의 열을 수열이라 한다.
등차수열　대수	첫째항에 차례로 일정한 수를 더하여 만든 수열을 등차수열이라 한다.
등비수열　대수	첫째항에 차례로 일정한 수를 곱하여 얻어진 수열을 등비수열이라 한다.

두 직선 AB와 CD의 교각이 직각일 때, 이 두 직선은
직교한다고 하거나 서로 수직이라 하고, 이것을 기호로

$$\overleftrightarrow{AB} \perp \overleftrightarrow{CD}$$

와 같이 나타낸다.

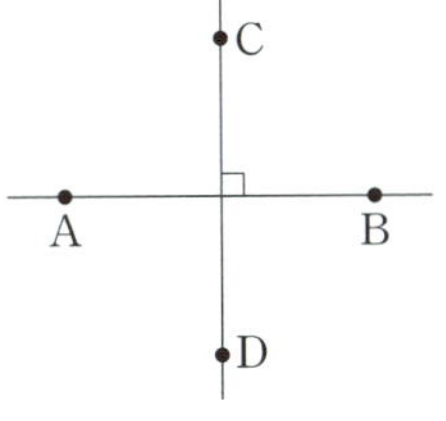

직선 l이 선분 AB의 중점 M을 지나면서 선분 AB에
수직일 때, 직선 l을 선분 AB의 수직이등분선이라고
한다. 이때

$$l \perp \overline{AB}, \ \overline{AM} = \overline{MB}$$

이다.

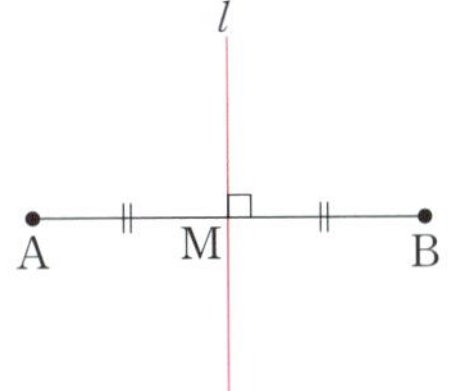

개념 연결

수직
초등

두 직선이 만나서 이루는 각이 직각($90°$)일 때, 두 직선은 서로 수직이
라고 한다.

교각
중1

서로 교차하는 두 직선이 한 점에서 만날 때 만들어지는 네 개의 각을
두 직선의 교각이라고 한다.

직교

두 직선의 교각이 직각일 때, 두 직선은 직교한다고 한다. 이때 두 직
선은 서로 수직이고 한 직선은 다른 직선의 수선이다.

111 수학적 귀납법 〔대수〕

자연수 n에 대한 명제 $p(n)$이 모든 자연수 n에 대하여 성립함을 다음 두 가지를 보임으로써 증명하는 방법을 **수학적 귀납법**이라고 한다.

① $n=1$일 때 명제 $p(n)$이 성립한다.

② $n=k$일 때 명제 $p(n)$이 성립한다고 가정하면 $n=k+1$일 때도 명제 $p(n)$이 성립한다.

수열 〔대수〕	차례대로 나열된 수의 열을 수열이라 한다.
수열의 귀납적 정의 〔대수〕	수열을 처음 몇 개의 항과 이웃하는 여러 항 사이의 관계식으로 정의하는 것을 수열의 귀납적 정의라고 한다.
수학적 귀납법	① $n=1$일 때 $p(n)$이 성립 ② $n=k$일 때 명제 $p(n)$이 성립한다고 가정하면 $n=k+1$일 때도 명제 $p(n)$이 성립하면 모든 자연수 n에 대한 명제 $p(n)$이 성립한다.

어떤 시행의 표본공간 S가 유한 개의 근원사건으로 이루어져 있고, 각 근원사건이 일어날 가능성이 모두 같을 때, 사건 A가 일어날 수학적 확률은

$$P(A)=\frac{(\text{사건 }A\text{의 원소의 개수})}{(\text{표본공간 }S\text{의 원소의 개수})}=\frac{n(A)}{n(S)}\ \text{이다.}$$

어떤 시행을 n번 반복하여 사건 A가 일어난 횟수를 r_n이라고 할 때, n을 한없이 크게 함에 따라 상대도수 $\dfrac{r_n}{n}$이 일정한 값 p에 가까워지면 p를 사건 A의 통계적 확률이라고 한다.

수학적 확률	어떤 시행에서 표본공간 S의 각 근원사건이 일어날 가능성이 모두 같은 정도로 기대될 때, 사건 A가 일어날 수학적 확률은 $$\mathrm{P}(A)=\frac{n(A)}{n(S)}$$ 이다.
통계적 확률	어떤 시행을 n번 반복하여 사건 A가 일어난 횟수를 r_n이라고 할 때, n을 한없이 크게 함에 따라 상대도수 $\dfrac{r_n}{n}$이 일정한 값 p에 가까워지면 p를 사건 A의 통계적 확률이라고 한다.
조건부확률 확률과 통계	확률이 0이 아닌 사건 A가 일어났다고 가정할 때 사건 B가 일어날 확률을 사건 A가 일어났을 때 사건 B의 조건부확률이라 하고, 기호로 $\mathrm{P}(B|A)$와 같이 나타낸다.

서로 다른 n개에서 $r\,(0<r\leq n)$개를 택하여 일렬로 나열하는 것을 n개에서 r개를 택하는 순열이라고 한다. 이때 순열의 가짓수를 순열의 수라 하고 기호로 $_n\mathrm{P}_r$과 같이 나타낸다.

$$_n\mathrm{P}_r=n(n-1)(n-2)\times\cdots\times(n-r+1)$$

곱의 법칙 공통수학1	사건 A가 일어나는 경우의 수가 m이고, 그 각각에 대하여 사건 B가 일어나는 경우의 수가 n일 때, 두 사건 A, B가 동시에 일어나는 경우의 수는 $m\times n$이다.
순열	서로 다른 n개에서 $r\,(0<r\leq n)$개를 택하여 일렬로 나열하는 것을 n개에서 r개를 택하는 순열이라고 한다.
조합 공통수학1	서로 다른 n개에서 $r\,(0<r\leq n)$개를 택하는 것을 n개에서 r개를 택하는 조합이라고 한다.

0.7777…, $-1.4585858…$, 2.345345345…와 같이 소수점 아래의 어떤 자리에서부터 일정한 숫자의 배열이 한없이 되풀이되는 무한소수를 순환소수라 하고, 한없이 되풀이되는 한 부분을 순환마디라고 한다.

순환소수는 순환마디의 양 끝의 숫자 위에 점을 찍어서 다음과 같이 간단히 나타낸다.

순환소수	순환마디	간단히 나타내기
0.33333…	3	$0.\dot{3}$
$-3.12312312…$	123	$-3.\dot{1}2\dot{3}$

유한소수 중2

0.5, 0.0625와 같이 소수점 아래에 0이 아닌 숫자가 유한 번 나타나는 소수를 유한소수라고 한다.

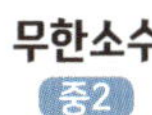

무한소수 중2

0.41666…과 같이 소수점 아래에 0이 아닌 숫자가 무한 번 나타나는 소수를 무한소수라고 한다.

순환소수

0.777…, 1.585858…과 같이 소수점 아래의 어떤 자리에서부터 일정한 숫자의 배열이 한없이 되풀이되는 무한소수를 순환소수라 한다.

115 시그마(Σ) 대수

수열 $\{a_n\}$의 첫째항부터 제n항까지의 합을 합의 기호 Σ(시그마)를 사용하여

$a_1+a_2+a_3+\cdots+a_n=\displaystyle\sum_{k=1}^{n} a_k$와 같이 나타낸다.

$m\leq n$인 두 자연수 m, n에 대하여 제m항부터 제n항까지의 합은 다음과 같이 나타낸다.

$$\sum_{k=m}^{n} a_k=a_m+a_{m+1}+a_{m+2}+\cdots+a_n$$

등차수열 대수	첫째항에 차례로 일정한 수를 더하여 만든 수열을 등차수열이라 한다.
등비수열 대수	첫째항에 차례로 일정한 수를 곱하여 얻어진 수열을 등비수열이라 한다.
시그마	$\displaystyle\sum_{k=1}^{n} a_k$는 수열 $\{a_n\}$의 첫째항부터 제n항까지의 합을 뜻한다.

∠XOP의 크기는 반직선 OP가 고정된 반직선 OX
의 위치에서 점 O를 중심으로 반직선 OP의 위치까
지 회전한 양으로 정한다.

이때 반직선 OX를 처음 시작하는 선이라는 뜻으로
시초선, 반직선 OP를 움직이는 선이라는 뜻으로 동경이라고 한다.

동경 OP가 점 O를 중심으로 회전할 때, 반시계 방향을 양의 방향, 시계 방향을
음의 방향으로 정한다.

시초선 ∠XOP에서 반직선 OX를 시초선이라고 한다.

동경 ∠XOP에서 반직선 OP를 움직이는 선을 동경이라고 한다.

일반각 (대수) ∠XOP의 크기 중에서 하나를 $a°$라 할 때, 동경 OP가 나타내는 일반각의 크기는 $360°n + a°$ (n은 정수)로 나타낼 수 있다.

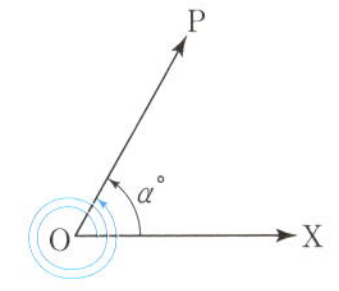

모평균 m에 대하여 신뢰도 95%의 신뢰구간이라는 말은 크기가 n인 표본의 추출을 되풀이하여 신뢰구간을 구하는 일을 반복할 때, 구한 신뢰구간 중 모평균을 포함하는 것이 약 95%가 될 것으로 기대된다는 뜻이다.

모집단이 정규분포 $\mathrm{N}(m.\ \sigma^2)$을 따를 때, 크기가 n인 표본으로 구한 표본평균의 값을 $\overline{x}$라고 하면 모평균 m에 대한 신뢰구간은

① 신뢰도 95%의 신뢰구간: $\overline{x}-1.96\dfrac{\sigma}{\sqrt{n}}\leq m\leq\overline{x}+1.96\dfrac{\sigma}{\sqrt{n}}$

② 신뢰도 99%의 신뢰구간: $\overline{x}-2.58\dfrac{\sigma}{\sqrt{n}}\leq m\leq\overline{x}+2.58\dfrac{\sigma}{\sqrt{n}}$

모평균
확률과 통계

모집단에서 조사하고자 하는 특성을 나타내는 확률변수를 X라고 할 때, X의 평균을 모평균이라 한다.

표본평균
확률과 통계

크기가 n인 표본을 임의추출하는 경우 추출된 각 대상의 평균을 표본평균이라 한다.

신뢰도, 신뢰구간

신뢰도 95%의 신뢰구간이라는 말은 표본 추출을 되풀이하여 신뢰구간을 구할 때, 신뢰구간 중 95%가 모평균을 포함할 것으로 기대된다는 뜻이다.

방정식의 근 중 실수인 근을 실근, 허수인 근을 허근이라 한다.

예를 들어, 계수가 실수인 이차방정식 $ax^2+bx+c=0$에서 $b^2-4ac \geq 0$이면 실근을 갖고 $b^2-4ac<0$이면 허근을 갖는다.

개념 연결

이차방정식의 근
공통수학1

이차방정식 $ax^2+bx+c=0$의 근은
$$x=\frac{-b\pm\sqrt{b^2-4ac}}{2a}$$
이다.

실근, 허근

방정식의 근 중 실수인 근을 실근, 허수인 근을 허근이라 한다.

판별식
공통수학1

계수가 실수인 이차방정식 $ax^2+bx+c=0$에서 b^2-4ac를 이 방정식의 판별식이라 한다.

유리수와 무리수를 통틀어 실수라고 한다. 일반적으로 수직선은 유리수와 무리수, 즉 실수에 대응하는 점들로 완전히 메울 수 있다. 양의 실수를 양수, 음의 실수를 음수라고 한다.

유리수 중1
두 정수 a, b에 대하여 $\dfrac{a}{b}\,(b \neq 0)$의 꼴로 나타낼 수 있는 수를 유리수라고 한다.

실수
유리수와 무리수를 통틀어 실수라고 한다.

복소수 공통수학1
임의의 두 실수 a, b에 대하여 $a+bi$의 꼴로 나타내어지는 수를 복소수라고 한다.

어떤 수를 나누어떨어지게 하는 수를 그 수의 약수라고 한다. 약수 중 가장 작은 수는 1이고, 자신도 자기의 약수이다. 약수를 다른 말로 **인수**라고도 한다. 약수는 **소인수분해**를 이용하여 구할 수 있다.

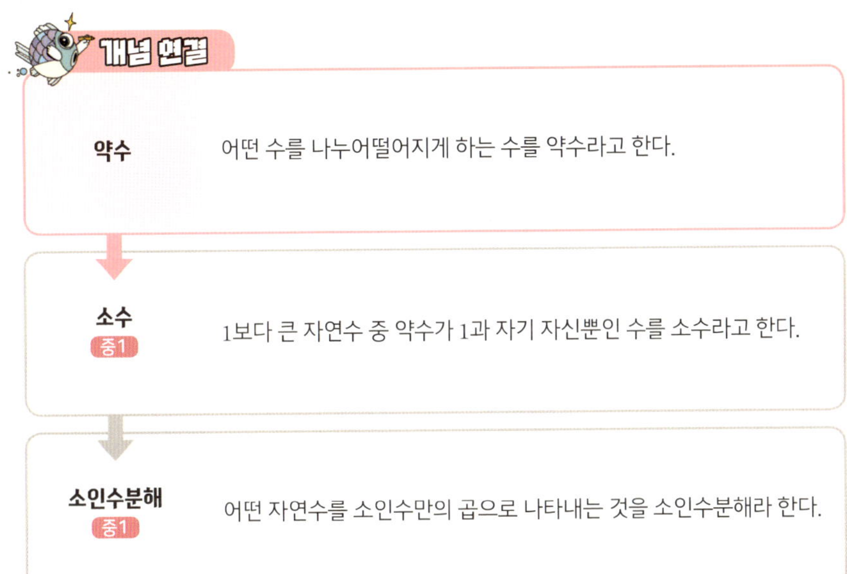

개념 연결

약수 — 어떤 수를 나누어떨어지게 하는 수를 약수라고 한다.

소수 중1 — 1보다 큰 자연수 중 약수가 1과 자기 자신뿐인 수를 소수라고 한다.

소인수분해 중1 — 어떤 자연수를 소인수만의 곱으로 나타내는 것을 소인수분해라 한다.

오른쪽 그림과 같이 한 평면 위에서 두 직선 l, m이 한 직선 n과 만나면 8개의 각이 생긴다. 이때, $\angle c$와 $\angle e$, $\angle d$와 $\angle f$같이 엇갈린 위치에 있는 두 각을 서로 엇각이라고 한다.

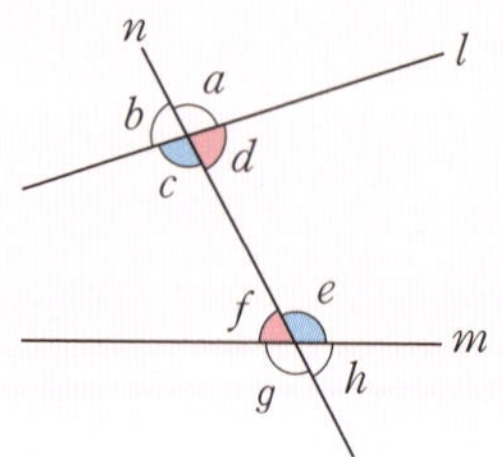

교각 중1	서로 교차하는 두 직선이 한 점에서 만날 때 만들어지는 네 개의 각을 두 직선의 교각이라고 한다.	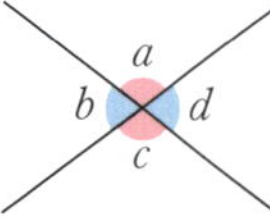
동위각 중1	한 평면 위에서 두 직선이 한 직선과 만날 때 같은 위치에 있는 두 각을 서로 동위각이라 한다.	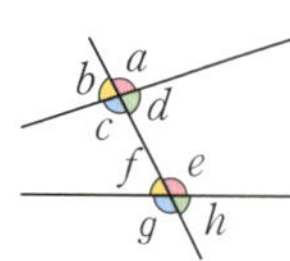
엇각	한 평면 위에서 두 직선이 한 직선과 만날 때 엇갈린 위치에 있는 두 각을 서로 엇각이라 한다.	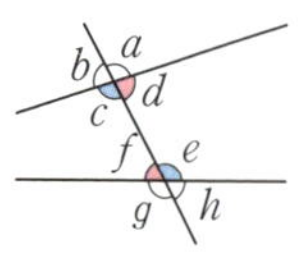

 여사건 〔확률과 통계〕

사건 A에 대하여 A가 일어나지 않는 사건을 A의 여사건이라 하고, 기호로 A^c와 같이 나타낸다.

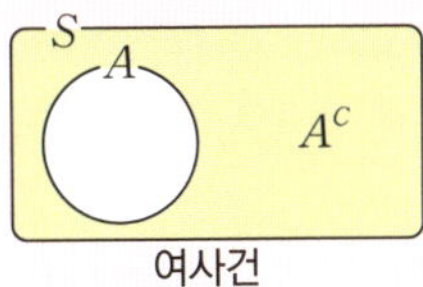

사건 중2	같은 조건에서 반복할 수 있는 실험이나 관찰에서 나타나는 결과를 사건이라고 한다.
배반사건 확률과 통계	두 사건 A, B가 동시에 일어나지 않을 때, 즉 $A \cap B = \varnothing$일 때, 두 사건 A, B는 서로 배반사건이라고 한다.
여사건	사건 A에 대하여 A가 일어나지 않는 사건을 A의 여사건이라 한다.

집합 A가 전체집합 U의 부분집합일 때, U의 원소 중에서 A에 속하지 않는 모든 원소로 이루어진 집합을 U에 대한 A의 여집합이라 하고, 기호로 A^c와 같이 나타낸다. 전체집합 U에 대한 부분집합 A의 여집합을 조건제시법으로 나타내면 다음과 같다.

$$A^c = \{x \mid x \in U \ \text{그리고} \ x \notin A\}$$

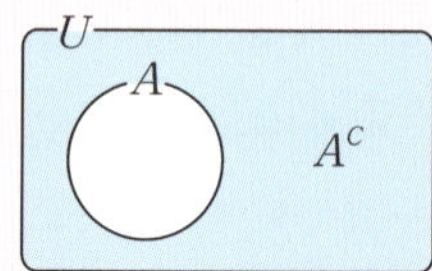

개념 연결

합집합
(공통수학2)

두 집합 A, B에 대하여 A에 속하거나 B에 속하는 모든 원소로 이루어진 집합을 A와 B의 합집합이라 한다.

교집합
(공통수학2)

두 집합 A, B에 대하여 A에도 속하고 B에도 속하는 모든 원소로 이루어진 집합을 A와 B의 교집합이라 한다.

여집합

전체집합 U의 부분집합 A에 대하여 U의 원소 중에서 A에 속하지 않는 모든 원소로 이루어진 집합을 U에 대한 A의 여집합이라 한다.

명제 $p \longrightarrow q$에 대하여

$q \longrightarrow p$를 $p \longrightarrow q$의 역, $\sim q \longrightarrow \sim p$를 $p \longrightarrow q$의 대우라고 한다.

명제 $p \longrightarrow q$와 그 역, 대우 사이의 관계를 그림으로 나타내면 다음과 같다.

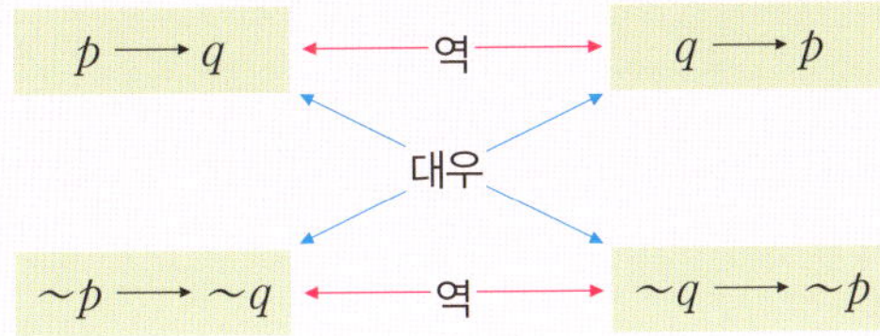

가정, 결론 〔공통수학2〕	두 조건 p, q로 이루어진 명제 'p이면 q이다.'를 기호로 $p \longrightarrow q$와 같이 나타내고, p를 이 명제의 가정, q를 이 명제의 결론이라고 한다.
역	명제 $p \longrightarrow q$에 대하여 $q \longrightarrow p$를 $p \longrightarrow q$의 역이라고 한다.
대우	명제 $p \longrightarrow q$에 대하여 $\sim q \longrightarrow \sim p$를 $p \longrightarrow q$의 대우라고 한다.

두 수의 곱이 1일 때, 한 수를 다른 수의 역수라고 한다.

예를 들어

$$\left(-\frac{3}{2}\right)\times\left(-\frac{2}{3}\right)=1$$

이므로 $-\dfrac{3}{2}$의 역수는 $-\dfrac{2}{3}$이고, $-\dfrac{2}{3}$의 역수는 $-\dfrac{3}{2}$이다.

분수의 곱셈
초등

분수의 곱셈은 분자는 분자끼리, 분모는 분모끼리 각각 곱한다.
$$\frac{2}{7}\times\frac{4}{3}=\frac{2\times4}{7\times3}=\frac{8}{21}$$

분수의 나눗셈
초등

분수의 나눗셈은 나누는 수의 역수를 곱하는 곱셈으로 고쳐서 한다.
$$\frac{2}{7}\div\frac{3}{4}=\frac{2}{7}\times\frac{4}{3}=\frac{8}{21}$$

역수

두 수의 곱이 1일 때, 한 수를 다른 수의 역수라고 한다.

함수 $f : X \longrightarrow Y$가 일대일대응일 때, Y의 각 원소 y에 대하여 $f(x)=y$인 X의 원소 x를 대응시켜 Y를 정의역으로 하고 X를 공역으로 하는 새로운 함수를 f의 역함수라 한다. 이것을 기호로 f^{-1}와 같이 나타낸다.

즉, $f^{-1} : Y \longrightarrow X$, $x=f^{-1}(y)$이다.

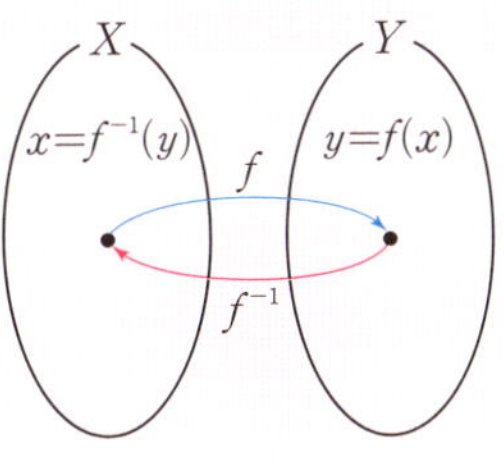

함수
공통수학2

두 집합 X, Y에 대하여 X의 각 원소에 Y의 원소가 오직 하나씩 대응할 때, 이 대응을 X에서의 Y로의 함수라고 한다.

합성함수
공통수학2

두 함수 $f : X \longrightarrow Y$, $g : Y \longrightarrow Z$가 주어질 때, 집합 X의 각 원소 x에 집합 Z의 원소 $g(f(x))$를 대응시키는 함수를 f와 g의 합성함수라 하고, 이것을 기호로 $g \circ f$와 같이 나타낸다.

역함수

함수 $f : X \longrightarrow Y$에서 Y의 각 원소 y에 대하여 $f(x)=y$인 X의 원소 x를 대응시켜 Y를 정의역으로 하고 X를 공역으로 하는 새로운 함수를 f의 역함수 f^{-1}라 한다.

연립방정식, 가감법, 대입법 중2 공통수학1

미지수가 두 개인 두 일차방정식을 한 쌍으로 묶어 나타낸 것을 **미지수가 두 개인 연립일차방정식** 또는 간단히 연립방정식이라고 한다. 또 두 방정식의 공통인 해를 **연립방정식의 해**라 하고, 연립방정식의 해를 구하는 것을 **연립방정식을 푼다**고 한다.

연립방정식의 해를 구하는 방법으로 두 방정식을 변끼리 더하거나 빼서 연립방정식을 푸는 방법을 가감법이라고 한다. 또, 한 방정식을 한 미지수에 대한 식으로 나타낸 다음 다른 방정식에 대입하여 연립방정식을 푸는 방법을 대입법이라고 한다.

연립방정식	두 방정식을 한 쌍으로 묶어 나타낸 것을 연립방정식이라 하고, 두 방정식의 공통인 해를 연립방정식의 해라 한다.
연립일차방정식 중2	미지수가 두 개인 두 일차방정식을 한 쌍으로 묶어 나타낸 것을 미지수가 두 개인 연립일차방정식이라고 한다.
연립이차방정식 공통수학1	미지수가 두 개인 연립방정식에서 차수가 가장 높은 방정식이 이차방정식일 때, 이 연립방정식을 연립이차방정식이라고 한다.

연립부등식 공통수학1

두 개 이상의 부등식을 한 쌍으로 묶어 나타낸 것을 연립부등식이라 한다. 일차부등식으로만 이루어진 연립부등식을 **연립일차부등식**이라 하고 연립부등식에서 차수가 가장 높은 부등식이 이차부등식일 때, 이 연립부등식을 **연립이차부등식**이라고 한다.

또, 연립부등식에서 각 부등식의 공통인 해를 그 **연립부등식의 해**라 하고, 연립부등식의 해를 구하는 것을 **연립부등식을 푼다**고 한다.

연립부등식	두 개 이상의 부등식을 한 쌍으로 묶어 나타낸 것을 연립부등식이라 하고, 각 부등식의 공통인 해를 그 연립부등식의 해라 한다.
연립일차부등식	일차부등식으로만 이루어진 연립부등식을 연립일차부등식이라고 한다.
연립이차부등식	연립부등식에서 차수가 가장 높은 부등식이 이차부등식일 때, 이 연립부등식을 연립이차부등식이라고 한다.

미지수가 두 개인 연립방정식에서 차수가 가장 높은 방정식이 이차방정식일 때, 이것을 연립이차방정식이라고 한다.

이차방정식과 일차방정식으로 이루어진 연립이차방정식은 일차방정식을 한 문자에 대하여 정리한 것을 이차방정식에 대입하여 풀 수 있다.

두 개의 이차방정식으로 이루어진 연립이차방정식은 인수분해를 이용하여 일차방정식과 이차방정식으로 이루어진 두 개의 연립방정식으로 고쳐서 풀 수 있다.

연립방정식 중2 — 두 방정식을 한 쌍으로 묶어 나타낸 것을 연립방정식이라 하고, 두 방정식의 공통인 해를 연립방정식의 해라 한다.

연립일차방정식 중2 — 미지수가 두 개인 두 일차방정식을 한 쌍으로 묶어 나타낸 것을 미지수가 두 개인 연립일차방정식이라고 한다.

연립이차방정식 — 미지수가 두 개인 연립방정식에서 차수가 가장 높은 방정식이 이차방정식일 때, 이 연립방정식을 연립이차방정식이라고 한다.

함수 $f(x)$가 실수 a에 대하여 다음 조건을 모두 만족시킬 때, $f(x)$는 $x=a$에서 연속이라고 한다.

(i) 함수 $f(x)$가 $x=a$에서 정의되어 있다.

(ii) 극한값 $\lim\limits_{x \to a} f(x)$가 존재한다.

(iii) $\lim\limits_{x \to a} f(x) = f(a)$

한편, 함수 $f(x)$가 $x=a$에서 연속이 아닐 때, $f(x)$는 $x=a$에서 불연속이라고 한다. 즉, 위의 세 가지 조건 (i), (ii), (iii) 중에서 어느 한 가지라도 만족시키지 않으면 함수 $f(x)$는 $x=a$에서 불연속이다.

개념 연결

연속	함수 $f(x)$가 (i) $f(a)$가 존재 (ii) $\lim\limits_{x \to a} f(x)$가 존재 (iii) $\lim\limits_{x \to a} f(x) = f(a)$ 일 때, $f(x)$는 $x=a$에서 연속이라고 한다.
연속함수 미적분 I	함수 $f(x)$가 어떤 구간에 속하는 모든 실수에서 연속일 때, $f(x)$는 그 구간에서 연속함수라고 한다.
연속함수의 성질 미적분 I	두 함수 $f(x)$, $g(x)$가 $x=a$에서 연속이면 다음 함수도 $x=a$에서 연속이다 (c는 상수). $cf(x),\ f(x) \pm g(x),\ f(x)g(x),\ \dfrac{f(x)}{g(x)}$ (단, $g(a) \neq 0$)

함수 $f(x)$가 어떤 구간에 속하는 모든 실수 x에서 연속일 때, $f(x)$는 그 구간에서 연속 또는 그 구간에서 연속함수라고 한다.

특히, 닫힌구간 $[a,\ b]$에서 정의된 함수 $f(x)$가 다음 조건을 모두 만족시킬 때, $f(x)$는 닫힌구간 $[a,\ b]$에서 연속이라고 한다.

(i) 열린구간 $(a,\ b)$에서 연속이다.

(ii) $\lim\limits_{x \to a+} f(x) = f(a)$, $\lim\limits_{x \to b-} f(x) = f(b)$

연속 미적분Ⅰ	함수 $f(x)$가 (i) $f(a)$가 존재 (ii) $\lim\limits_{x \to a} f(x)$가 존재 (iii) $\lim\limits_{x \to a} f(x) = f(a)$ 일 때, $f(x)$는 $x=a$에서 연속이라고 한다.
연속함수	함수 $f(x)$가 어떤 구간에 속하는 모든 실수에서 연속일 때, $f(x)$는 그 구간에서 연속함수라고 한다.
연속함수의 성질 미적분Ⅰ	두 함수 $f(x)$, $g(x)$가 $x=a$에서 연속이면 다음 함수도 $x=a$에서 연속이다 (c는 상수). $cf(x),\ f(x) \pm g(x),\ f(x)g(x),\ \dfrac{f(x)}{g(x)}$ (단, $g(a) \neq 0$)

어떤 시행에서 표본공간의 각 원소에 하나의 실수를 대응시킨 함수를 **확률변수**라 한다. 이때, 확률변수가 어떤 범위 안에 속하는 모든 실수의 값을 가질 때 그 확률변수를 연속확률변수라고 한다.

예를 들면, 우리 학교 학생들의 키라든가 독도에서의 일 년 동안의 적설량은 연속확률변수이다.

확률변수
확률과 통계

어떤 시행에서 표본공간의 각 원소에 실수가 하나씩 대응되는 함수를 확률변수라 한다.

이산확률변수
확률과 통계

확률변수가 가질 수 있는 값이 유한 개이거나 자연수와 같이 셀 수 있을 때, 이 확률변수를 이산확률변수라고 한다.

연속확률변수

확률변수가 어떤 범위 안에 속하는 모든 실수의 값을 가질 때, 그 확률변수를 연속확률변수라고 한다.

$(0 \quad 0)$과 $\begin{pmatrix} 0 & 0 \\ 0 & 0 \end{pmatrix}$과 같이 모든 성분이 0인 행렬을 **영행렬**이라 하며, 이것을 O로 나타낸다.

행렬 A와 같은 꼴의 영행렬 O에 대하여 다음이 성립한다.

$$A+O=O+A=A, \quad A+(-A)=(-A)+A=O$$

개념 연결

행렬
공통수학1

몇 개의 수 또는 문자를 직사각형 모양으로 배열하여 괄호로 묶어 나타낸 것을 행렬이라고 한다.

제1행 $\begin{pmatrix} 1 & 15 & 35 \\ -2 & -6 & 18 \end{pmatrix}$ 제2행

제1열 제2열 제3열

영행렬

행렬의 성분이 모두 0인 행렬을 영행렬이라고 한다. 예를 들어

$(0 \quad 0),\ \begin{pmatrix} 0 \\ 0 \end{pmatrix},\ \begin{pmatrix} 0 & 0 \\ 0 & 0 \end{pmatrix}$

은 각각 1×2, 2×1, 2×2 행렬인 영행렬이다.

단위행렬
공통수학1

$\begin{pmatrix} 1 & 0 \\ 0 & 1 \end{pmatrix},\ \begin{pmatrix} 1 & 0 & 0 \\ 0 & 1 & 0 \\ 0 & 0 & 1 \end{pmatrix},\ \cdots$과 같이 왼쪽 위에서 오른쪽 아래로 내려가는 대각선 위의 성분이 모두 1이고, 그 외의 성분은 모두 0인 정사각행렬을 단위행렬이라 한다.

선분 AB의 연장선 위의 점 Q에 대하여
$\overline{AQ} : \overline{BQ} = m : n \, (m>0,\ n>0,\ m \neq n)$일 때, 점
Q는 선분 AB를 $m : n$으로 외분한다고 하며, 점 Q
를 선분 AB의 외분점이라 한다.

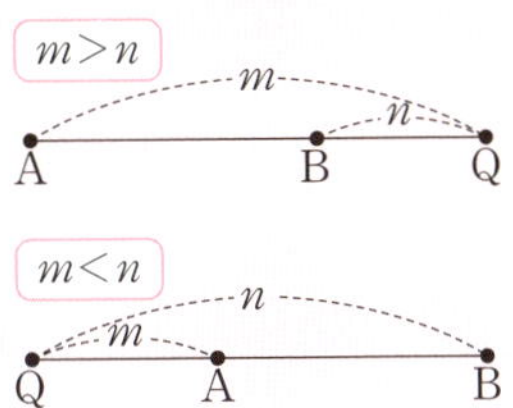

개념 연결

비 〔초등〕	두 수를 나눗셈으로 비교하기 위해 기호 : 를 사용하여 나타낸 것을 비라 한다.
내분, 내분점 〔공통수학2〕	선분 AB 위의 점 P에 대하여 $\overline{AP} : \overline{PB} = m : n$ $(m>0,\ n>0)$일 때, 점 P는 선분 AB를 $m : n$으로 내분한다고 하고, 점 P를 선분 AB의 내분점이라고 한다.
외분, 외분점	선분 AB의 연장선 위의 점 Q에 대하여 $\overline{AQ} : \overline{BQ} = m : n \, (m>0,\ n>0,\ m \neq n)$일 때, 점 Q는 선분 AB를 $m : n$으로 외분한다고 하고, 점 Q를 선분 AB의 외분점이라고 한다.

135 외심, 외접원 〔중2〕

삼각형의 세 변의 수직이등분선은 한 점에서 만난다. 이 점을 외심이라고 한다. 삼각형의 외심 O에서 세 꼭짓점에 이르는 거리가 모두 같기 때문에 점 O를 중심으로 반지름의 길이가 $\overline{OA}$인 원을 그리면 이 원은 △ABC의 세 꼭짓점을 모두 지난다. 이 원 O를 △ABC의 외접원이라고 한다. 삼각형의 외심은 삼각형의 외접원의 중심이 된다.

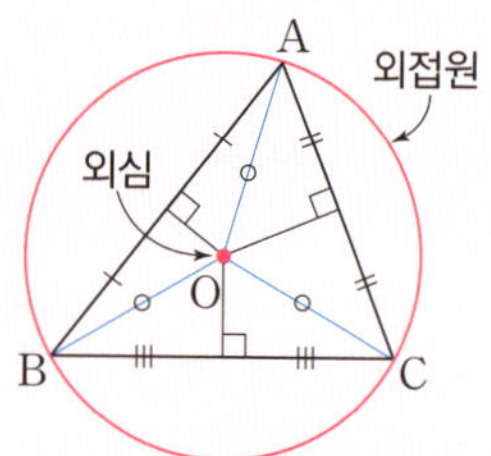

선분의 수직이등분선의 성질 〔중1〕	선분의 수직이등분선 위의 한 점에서 선분의 양 끝점에 이르는 거리는 같다.	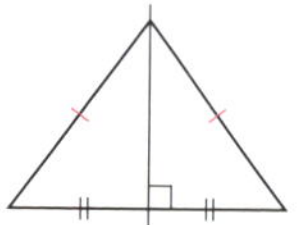
내심, 내접원 〔중2〕	삼각형의 세 내각의 이등분선은 한 점에서 만난다. 이 점을 내심이라고 한다. 내심을 중심으로 삼각형의 모든 변에 접하는 원을 내접원이라고 한다.	
외심, 외접원	삼각형의 세 변의 수직이등분선은 한 점에서 만난다. 이 점을 외심이라고 한다. 외심을 중심으로 삼각형의 세 꼭짓점을 모두 지나는 원을 외접원이라고 한다.	

원뿔을 밑면에 평행한 평면으로 자를 때 생기는 두 입체도형 중에서 원뿔이 아닌 쪽의 입체도형을 원뿔대라고 한다. 원뿔대에서 서로 평행한 두 면을 밑면이라 하고, 밑면이 아닌 면을 옆면이라고 한다. 또 두 밑면에 수직인 선분의 길이를 원뿔대의 높이라 하고, 회전하여 옆면을 만드는 선분을 모선이라고 한다.

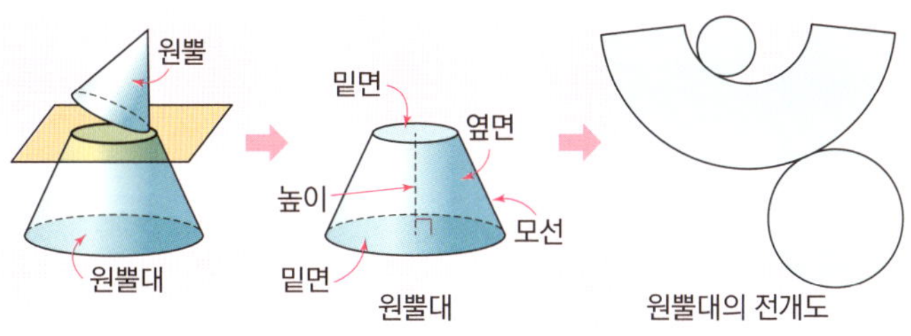

개념 연결

원뿔 
밑면이 원인 뿔 모양의 입체도형을 원뿔이라고 한다.

각뿔대 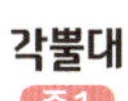
각뿔을 밑면에 평행한 평면으로 자를 때 생기는 두 다면체 중 각뿔이 아닌 쪽의 다면체

원뿔대
원뿔을 밑면에 평행한 평면으로 자를 때 생기는 두 입체도형 중 원뿔이 아닌 쪽의 입체도형

집합을 이루는 대상 하나하나를 그 집합의 원소라고 한다. a가 집합 A의 원소일 때, 'a는 집합 A에 속한다.'라고 하며, 이것을 기호로 $a \in A$와 같이 나타낸다. 한편, b가 집합 A의 원소가 아닐 때, 'b는 집합 A에 속하지 않는다.'라고 하며, 이것을 기호로 $b \notin A$와 같이 나타낸다.

집합 [공통수학2]	어떤 기준에 따라 그 대상을 분명히 정할 수 있을 때, 그 대상들의 모임을 집합이라고 한다.
원소	집합을 이루는 대상 하나하나를 그 집합의 원소라고 한다.
부분집합 [공통수학2]	두 집합 A, B에 대하여 A의 모든 원소가 B에 속할 때, A를 B의 부분집합이라고 한다.

집합에 속하는 모든 원소를 기호 { } 안에 나열하여 집합을 나타내는 방법을 원소나열법, 집합에 속하는 원소의 공통된 성질을 조건으로 제시하여 집합을 나타내는 방법을 조건제시법, 오른쪽 그림과 같이 집합을 나타내는 그림을 벤다이어그램이라고 한다.

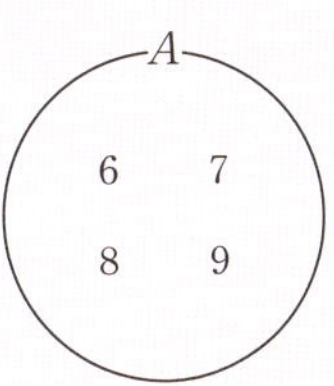

$A = \{x \,|\, x$는 6 이상 9 이하의 자연수$\} = \{6, 7, 8, 9\}$

집합
공통수학2

어떤 조건에 의하여 그 대상을 분명히 정할 수 있을 때, 그 대상들의 모임을 집합이라 한다.

원소
공통수학2

집합을 이루는 대상 하나하나를 그 집합의 원소라고 한다.

원소나열법

집합에 속하는 모든 원소를 기호 { } 안에 나열하여 집합을 나타내는 방법을 원소나열법이라 한다.

중심이 $C(a, b)$이고 반지름의 길이가 r인 **원의 방정식**은 $(x-a)^2+(y-b)^2=r^2$이다.

방정식 $x^2+y^2+Ax+By+C=0\cdots①$에서 $A^2+B^2-4C>0$이면 방정식 ①은 중심이 점 $\left(-\dfrac{A}{2},\ -\dfrac{B}{2}\right)$이고 반지름의 길이가

$\dfrac{\sqrt{A^2+B^2-4C}}{2}$인 원을 나타낸다.

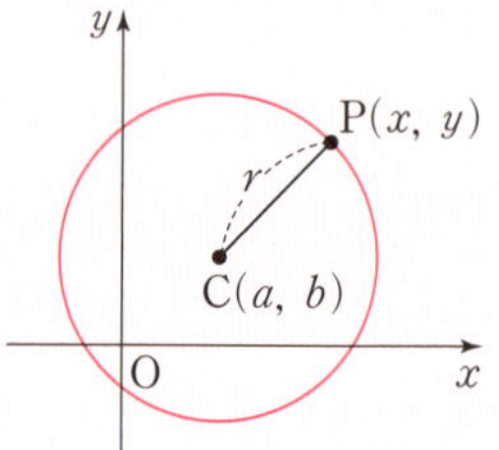

개념 연결

원 (초등)	평면 위의 한 점에서 일정한 거리에 있는 점들을 이은 도형을 원이라고 한다. 이때 평면 위의 한 점을 원의 중심, 일정한 거리를 반지름이라고 한다.

직선의 방정식 공통수학2	점 (x_1, y_1)을 지나고 기울기가 m인 직선의 방정식은 $$y-y_1=m(x-x_1)$$ 이다.

원의 방정식	중심이 $C(a, b)$이고 반지름의 길이가 r인 원의 방정식은 $$(x-a)^2+(y-b)^2=r^2$$ 이다.

오른쪽 그림과 같이 원 O에서 $\overset{\frown}{AB}$ 위에 있지 않은 점 P에 대하여 $\angle APB$를 $\overset{\frown}{AB}$에 대한 **원주각**이라 하고, $\overset{\frown}{AB}$를 원주각 $\angle APB$에 대한 **호**라고 한다.

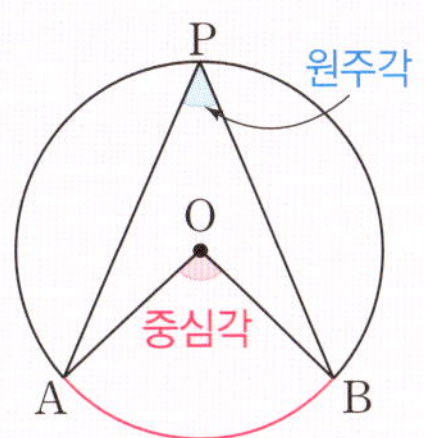

부채꼴 〔중1〕	원 O에서 두 반지름 OA, OB와 호 AB로 이루어진 도형을 부채꼴이라고 한다.

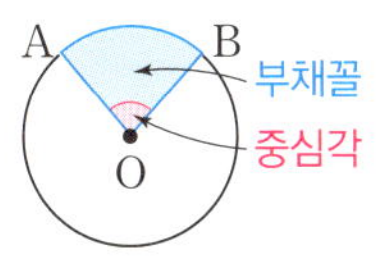

중심각 〔중1〕	부채꼴에서 두 반지름 OA, OB가 이루는 $\angle AOB$를 부채꼴 AOB의 중심각 또는 호 AB에 대한 중심각이라고 한다.

원주각	원 O에서 $\overset{\frown}{AB}$ 위에 있지 않은 점 P에 대하여 $\angle APB$를 $\overset{\frown}{AB}$에 대한 원주각이라 한다.

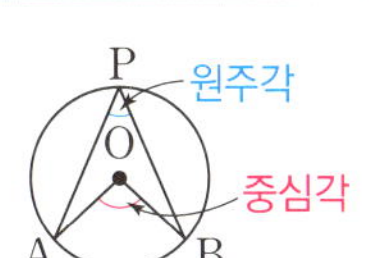

원의 지름의 길이에 대한 원주의 비율을 원주율이라고 한다.

원의 둘레의 길이를 지름의 길이로 나눈 값인 원주율은 원의 크기와 상관없이 항상 일정하며 그 값은 3.14159265358979……와 같이 소수점 아래의 숫자가 한없이 계속되는 소수로 무리수이다. 이 원주율을 기호로 π와 같이 나타내고, '파이'라고 읽는다.

원 초등	평면 위의 한 점에서 일정한 거리에 있는 점들을 이은 도형을 원이라고 한다. 이때 평면 위의 한 점을 원의 중심, 일정한 거리를 반지름이라고 한다.
원주 초등	원의 둘레의 길이를 원주라고 한다. 원주는 원의 지름의 길이의 약 3.14배이다.
원주율	원의 지름의 길이에 대한 원주의 비율을 원주율이라 하고, 기호로 π와 같이 나타낸다.

분자, 분모가 모두 자연수인 분수에 $+\dfrac{1}{3}$, $+\dfrac{2}{5}$, …… 등과 같이 양의 부호 $+$를 붙인 수를 양의 유리수라 하고, $-\dfrac{1}{2}$, $-\dfrac{3}{7}$, …… 등과 같이 음의 부호 $-$를 붙인 수를 음의 유리수라고 한다. 양의 유리수, 0, 음의 유리수를 통틀어 유리수라고 한다.

양의 유리수도 양의 정수와 마찬가지로 양의 부호 $+$를 생략하여 나타낼 수 있다. 한편, $+2=+\dfrac{2}{1}$, $-3=-\dfrac{3}{1}$, $0=\dfrac{0}{2}$과 같이 나타낼 수 있으므로 모든 정수는 유리수이다.

개념 연결

유리수

두 정수 a, b에 대하여 $\dfrac{a}{b}\,(b\neq0)$의 꼴로 나타낼 수 있는 수를 유리수라고 한다.

무리수 중3

순환소수가 아닌 무한소수를 무리수라고 한다.

실수 중3

유리수와 무리수를 통틀어 실수라고 한다.

두 다항식 A, $B\,(B\neq 0)$에 대하여 $\dfrac{A}{B}$의 꼴로 나타내어지는 식을 유리식이라 하며, 함수 $y=f(x)$에서 $f(x)$가 x에 대한 유리식일 때, 이 함수를 유리함수라고 한다. 특히 $f(x)$가 x에 대한 다항식일 때, 이 함수를 **다항함수**라고 한다. 특별한 말이 없는 경우에 유리함수의 정의역은 분모가 0이 되지 않도록 하는 실수 전체의 집합이며 다항함수의 정의역은 실수 전체의 집합이다.

유리식	두 다항식 A, $B\,(B\neq 0)$에 대하여 $\dfrac{A}{B}$의 꼴로 나타낼 수 있는 식을 유리식이라고 한다.
유리함수	함수 $y=f(x)$에서 $f(x)$가 x에 대한 유리식일 때, 이 함수를 유리함수라고 한다.
무리함수 공통수학2	함수 $y=f(x)$에서 $f(x)$가 x에 대한 무리식일 때, 이 함수를 무리함수라고 한다.

0.5, 0.0625와 같이 소수점 아래에 0이 아닌 숫자가 유한 번 나타나는 소수를 유한소수라고 한다. 또 0.41666…과 같이 소수점 아래에 0이 아닌 숫자가 무한 번 나타나는 소수를 무한소수라고 한다.

유한소수	0.5, 0.0625와 같이 소수점 아래에 0이 아닌 숫자가 유한 번 나타나는 소수를 유한소수라고 한다.
무한소수	0.41666…과 같이 소수점 아래에 0이 아닌 숫자가 무한 번 나타나는 소수를 무한소수라고 한다.
순환소수 중2	0.777…, 1.585858…과 같이 소수점 아래의 어떤 자리에서부터 일정한 숫자의 배열이 한없이 되풀이 되는 무한소수를 순환소수라고 한다.

두 변의 길이가 같은 삼각형을 이등변삼각형이라고 한다.

꼭지각, 밑각, 밑변

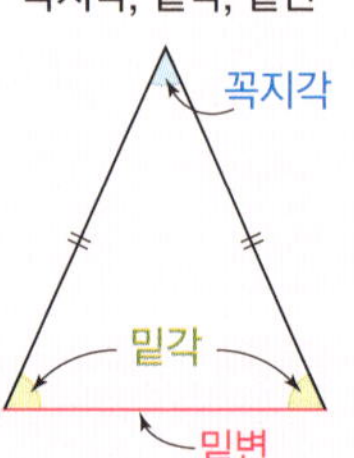

이등변삼각형의 성질

① 이등변삼각형의 두 밑각의 크기는 같다.

② 이등변삼각형의 꼭지각의 이등분선은 밑변을 수직
이등분한다.

이등변삼각형 두 변의 길이가 같은 삼각형을 이등변삼각형이라고 한다.

정삼각형 초등 세 변의 길이가 모두 같은 삼각형을 정삼각형이라고 한다.

직각이등변삼각형 중1 직각삼각형 중 두 변의 길이가 같은 삼각형을 직각이등변삼각형이라
고 한다.

어떤 시행에서 표본공간의 각 원소에 실수가 하나씩 대응되는 함수를 **확률변수**라 한다. 이때, 확률변수가 가질 수 있는 값이 유한 개이거나 무한히 많더라도 자연수와 같이 셀 수 있을 때 그 확률변수를 이산확률변수라 한다.

확률변수
확률과 통계

어떤 시행에서 표본공간의 각 원소에 실수가 하나씩 대응되는 함수를 확률변수라 한다.

이산확률변수

확률변수가 가질 수 있는 값이 유한 개이거나 자연수와 같이 셀 수 있을 때, 이 확률변수를 이산확률변수라고 한다.

연속확률변수
확률과 통계

확률변수가 어떤 범위 안에 속하는 모든 실수의 값을 가질 때, 그 확률변수를 연속확률변수라고 한다.

등식의 모든 항을 좌변으로 이항하여 정리하였을 때

(x에 대한 이차식)$=0$ 의 꼴로 나타나는 방정식을 x에 대한 이차방정식이라고 한다. 이차방정식 $ax^2+bx+c=0$의 해는 근의 공식

$$x=\frac{-b\pm\sqrt{b^2-4ac}}{2a}$$ 를 이용하여 구한다.

이차방정식의 두 해가 중복되어 서로 같을 때, 이 해를 중근이라고 한다.

일차방정식 중1	등식의 모든 항을 좌변으로 이항하여 정리한 식이 (x에 대한 일차식)$=0$의 꼴로 나타나는 방정식을 x에 대한 일차방정식이라고 한다.
이차방정식	등식의 모든 항을 좌변으로 이항하여 정리한 식이 (x에 대한 이차식)$=0$의 꼴로 나타나는 방정식을 x에 대한 이차방정식이라고 한다.
삼차방정식, 사차방정식 공통수학1	다항식 $P(x)$가 x에 대한 삼차식, 사차식일 때 방정식 $P(x)=0$을 각각 x에 대한 삼차방정식, 사차방정식이라고 한다.

부등식의 모든 항을 좌변으로 이항하여 정리하였을 때,

$ax^2+bx+c>0$, $ax^2+bx+c<0$, $ax^2+bx+c\geq0$, $ax^2+bx+c\leq0\,(a\neq0)$과 같이 좌변이 x에 대한 이차식인 부등식을 x에 대한 이차부등식이라고 한다. 이차부등식의 해는 이차함수의 그래프와 x축의 위치 관계를 이용하여 구할 수 있다.

부등식 중2
부등호 $<$, $>$, $\leq$, $\geq$를 사용하여 수 또는 식 사이의 대소 관계를 나타낸 식을 부등식이라고 한다.

일차부등식 중2
모든 항을 좌변으로 이항하여 정리하였을 때, 좌변이 x에 대한 일차식인 부등식을 x에 대한 일차부등식이라고 한다.

이차부등식
모든 항을 좌변으로 이항하여 정리하였을 때, 좌변이 x에 대한 이차식인 부등식을 x에 대한 이차부등식이라고 한다.

함수 $y=f(x)$에서 $f(x)$가 x에 대한 이차식 $ax^2+bx+c\,(a,\ b,\ c$는 수, $a\neq0)$로 나타날 때, 이 함수를 x에 대한 **이차함수**라고 한다. 특별한 말이 없으면 이차함수에서 x의 값의 범위는 실수 전체로 생각한다.

함수 중2	두 변수 x, y에 대하여 x의 값이 변함에 따라 y의 값이 하나씩 정해지는 두 양 사이의 대응 관계가 있을 때, y를 x에 대한 함수라 한다.
일차함수 중2	함수 $y=f(x)$에서 $f(x)$가 x에 대한 일차식 $ax+b$로 나타날 때, 이 함수를 x에 대한 일차함수라고 한다.
이차함수	함수 $y=f(x)$에서 $f(x)$가 x에 대한 이차식 ax^2+bx+c로 나타날 때, 이 함수를 x에 대한 이차함수라고 한다.

등식의 성질을 이용하여 등식의 어느 한 변에 있는 항을 부호를 바꾸어 다른 변으로 옮기는 것을 이항이라고 한다.

$$x-4=17$$
이항
$$x=17+4$$

등식 　중1
등호를 사용하여 수량 사이의 관계를 나타낸 식을 등식이라고 한다.

등식의 성질 　중1
① 등식의 양변에 같은 수를 더하거나 빼거나 곱하여도 등식은 성립한다.
② 등식의 양변을 0이 아닌 같은 수로 나누어도 등식은 성립한다.

이항
등식의 성질을 이용하여 등식의 어느 한 변에 있는 항을 부호를 바꾸어 다른 변으로 옮기는 것을 이항이라고 한다.

한 번의 시행에서 사건 A가 일어날 확률을 p라고 하면 n번의 독립시행에서 사건 A가 일어나는 횟수 X의 확률질량함수는 독립시행의 확률에 의하여

$$P(X=x)={}_nC_x\,p^x q^{n-x}\ (q=1-p,\ x=0,\ 1,\ 2,\ \cdots,\ n)\text{이다.}$$

이와 같은 확률변수 X의 확률분포를 이항분포라 하고, 기호로 $B(n,\ p)$와 같이 나타낸다. 이때 X는 이항분포 $B(n,\ p)$를 따른다고 한다.

개념 연결

확률분포
확률과 통계

확률변수 X가 갖는 값과 X가 이 값을 가질 확률의 대응 관계를 X의 확률분포라고 한다.

이항분포

한 번의 시행으로 사건 A가 일어날 확률을 p, 여사건의 확률을 q라 할 때, n번의 독립시행 중 사건 A가 일어나는 횟수 X의 분포가 ${}_nC_r\,p^r q^{n-r}$로 나타나는 확률분포를 이항분포라고 한다.

정규분포
확률과 통계

실수 전체의 집합에서 정의된 연속확률변수 X의 확률밀도함수가

$$\frac{1}{\sqrt{2\pi}\,\sigma}e^{-\frac{(x-m)^2}{2\sigma^2}}$$

일 때, X의 확률분포를 정규분포라고 한다.

$(a+b)^n$의 전개식에 대하여 다음과 같은 등식이 성립한다.

n이 자연수일 때

$$(a+b)^n = {}_nC_0 a^n + {}_nC_1 a^{n-1}b + \cdots + {}_nC_r a^{n-r}b^r + \cdots + {}_nC_n b^n$$

이를 이항정리라고 한다.

다항식 $(a+b)^n$의 전개식에서 각 항의 계수

${}_nC_0, \ {}_nC_1, \ \cdots, \ {}_nC_r, \ \cdots, \ {}_nC_n$을 이항계수라고 한다.

개념 연결

다항식의 곱셈 중3

$$(a+b)^2 = a^2 + 2ab + b^2$$
$$(a+b)^3 = a^3 + 3a^2b + 3ab^2 + b^3$$

이항정리

$(a+b)^n$의 전개식

$$(a+b)^n = \sum_{r=0}^{n} = {}_nC_r a^{n-r}b^r$$

을 이항정리라고 한다.

이항분포 확률과 통계

한 번의 시행에서 사건 A가 일어날 확률을 p, 여사건의 확률을 q라 할 때, n번의 독립시행 중 사건 A가 일어나는 횟수 X의 분포가 ${}_nC_r p^r q^{n-r}$로 나타나는 확률분포를 이항분포라고 한다.

하나의 다항식을 두 개 이상의 다항식의 곱으로 나타낼 때, 각각의 식을 처음 다항식의 인수라고 한다. 예를 들어 $x^2+3x+2=(x+1)(x+2)$에서 $x+1$과 $x+2$는 x^2+3x+2의 인수이다.

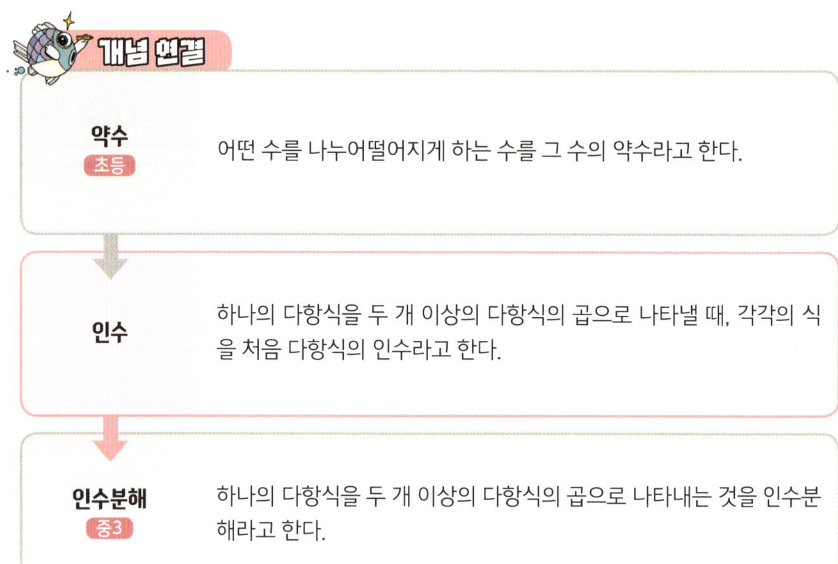

하나의 다항식을 두 개 이상의 인수의 곱으로 나타내는 것을 인수분해라고 한다.

$$x^2+3x+2 \xrightarrow[\text{전개}]{\text{인수분해}} (x+1)(x+2)$$

$(a+3)^2$, $(b-5)^2$이나 $\frac{1}{2}(3x+y)^2$과 같이 다항식의 제곱으로 된 식 또는 이 식에 수를 곱한 식을 완전제곱식이라고 한다.

약수
초등

어떤 수를 나누어떨어지게 하는 수를 그 수의 약수라고 한다.

전개
중2

다항식의 곱셈에서 분배법칙을 이용하여 하나의 다항식으로 나타내는 것을 전개한다고 한다.

인수분해

하나의 다항식을 두 개 이상의 다항식의 곱으로 나타내는 것을 인수분해라고 한다.

다항식 $P(x)$에 대하여 $P(\alpha)=0$이면 $P(x)$는 $x-\alpha$로 나누어떨어지고, 즉 $x-\alpha$는 $P(x)$의 인수이다. 거꾸로 $P(x)$가 $x-\alpha$로 나누어떨어지면, 즉 $x-\alpha$가 $P(x)$의 인수이면 $P(\alpha)=0$이다.

이것을 인수정리라고 한다.

항등식
공통수학1

문자를 포함하는 등식에서 그 문자에 어떤 값을 대입해도 항상 성립하는 등식을 항등식이라 한다.

나머지정리
공통수학1

다항식 $P(x)$를 $x-\alpha$로 나눈 나머지를 R이라고 하면 $R=P(\alpha)$이다.

인수정리

다항식 $P(x)$에 대하여
① $P(\alpha)=0$이면 $P(x)$는 일차식 $x-\alpha$로 나누어떨어진다.
② $P(x)$가 일차식 $x-\alpha$로 나누어떨어지면 $P(\alpha)=0$이다.

함수 $f : X \longrightarrow Y$가 두 조건

(i) 일대일함수이다.

(ii) 치역과 공역이 같다.

를 모두 만족시킬 때, 함수 f를 일대일대응이라고 한다.

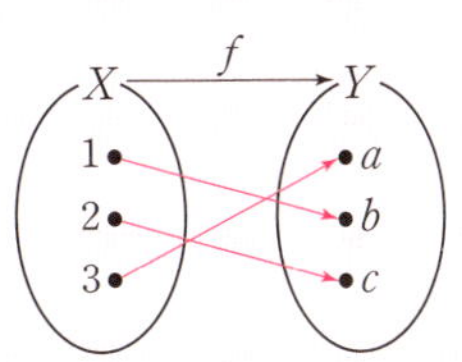

함수
공통수학2

두 집합 X, Y에 대하여 X의 각 원소에 Y의 원소가 오직 하나씩 대응할 때, 이 대응을 X에서의 Y로의 함수라고 한다.

일대일함수
공통수학2

함수 $f : X \longrightarrow Y$에서 정의역 X의 두 원소 x_1, x_2에 대하여 $x_1 \neq x_2$이면 $f(x_1) \neq f(x_2)$일 때, 함수 f를 일대일함수라고 한다.

일대일대응

함수 $f : X \longrightarrow Y$가 두 조건
(i) 일대일함수이다.
(ii) 치역과 공역이 같다.
를 모두 만족시킬 때, 함수 f를 일대일대응이라고 한다.

157 **일대일함수** 공통수학2

함수 $f : X \longrightarrow Y$에서 정의역 X의 임의의 두 원소

x_1, x_2에 대하여

$x_1 \neq x_2$이면 $f(x_1) \neq f(x_2)$

일 때, 함수 f를 일대일함수라고 한다.

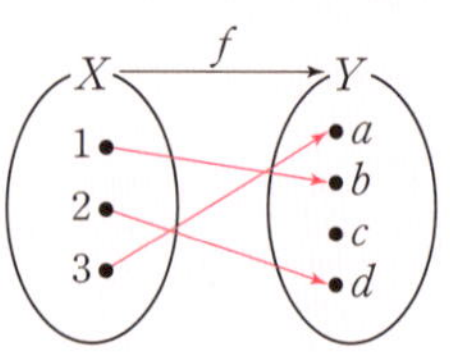

함수 공통수학2	두 집합 X, Y에 대하여 X의 각 원소에 Y의 원소가 오직 하나씩 대응할 때, 이 대응을 X에서의 Y로의 함수라고 한다.
일대일함수	함수 $f : X \longrightarrow Y$에서 정의역 X의 두 원소 x_1, x_2에 대하여 $x_1 \neq x_2$이면 $f(x_1) \neq f(x_2)$일 때, 함수 f를 일대일함수라고 한다.
일대일대응 공통수학2	함수 $f : X \longrightarrow Y$가 두 조건 (i) 일대일함수이다. (ii) 치역과 공역이 같다. 를 모두 만족시킬 때, 함수 f를 일대일대응이라고 한다.

 일반각 대수

시초선 OX와 동경 OP가 나타내는 한 각의 크기를 $a°$ 라고 하면 $\angle XOP$의 크기는 $360° \times n + a°$ (n은 정수)의 꼴로 나타낼 수 있다. 이것을 동경 OP가 나타내는 일반각이라고 한다. 일반적으로 나타낼 때, $a°$는 보통 $0° \le a° < 360°$ 또는 $-180° < a° \le 180°$인 것을 택한다.

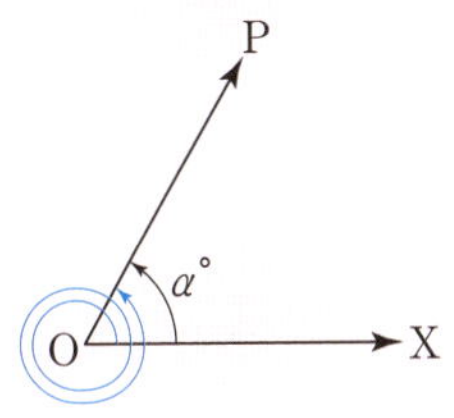

시초선
대수

$\angle XOP$에서 반직선 OX를 시초선이라고 한다.

동경
대수

$\angle XOP$에서 반직선 OP를 움직이는 선을 동경이라고 한다.

일반각

$\angle XOP$의 크기 중에서 하나를 $a°$라 할 때, 동경 OP가 나타내는 일반각의 크기는 $360°n + a°$ (n은 정수)로 나타낼 수 있다.

방정식 $x+5=-2x+1$의 우변에 있는 모든 항을 좌변으로 이항하여 정리하면 $3x+4=0$이 된다. 이때 좌변 $3x+4$는 x에 대한 일차식이다. 이와 같이 등식의 모든 항을 좌변으로 이항하여 정리한 식이 (x에 대한 일차식)$=0$의 꼴로 나타나는 방정식을 x에 대한 일차방정식이라고 한다.

방정식 중1
x의 값에 따라 참이 되기도 하고 거짓이 되기도 하는 등식을 x에 대한 방정식이라고 한다.

일차방정식
등식의 모든 항을 좌변으로 이항하여 정리한 식이 (x에 대한 일차식)$=0$의 꼴로 나타나는 방정식을 x에 대한 일차방정식이라고 한다.

이차방정식 중3
등식의 모든 항을 좌변으로 이항하여 정리하였을 때 (x에 대한 이차식)$=0$의 꼴로 나타나는 방정식을 x에 대한 이차방정식이라고 한다.

$3x-1>0$에서 좌변의 $3x-1$은 일차식이다. 이와 같이 부등식의 모든 항을 좌변으로 이항하여 정리한 식이 (일차식)<0, (일차식)>0, (일차식)≤0, (일차식)≥0 중 어느 하나의 꼴로 나타나는 부등식을 일차부등식이라고 한다.

개념 연결

부등식
중2

부등호 $<$, $>$, $\leq$, $\geq$를 사용하여 수 또는 식 사이의 대소 관계를 나타낸 식을 부등식이라고 한다.

일차부등식

모든 항을 좌변으로 이항하여 정리하였을 때, 좌변이 x에 대한 일차식인 부등식을 x에 대한 일차부등식이라고 한다.

이차부등식
공통수학1

모든 항을 좌변으로 이항하여 정리하였을 때, 좌변이 x에 대한 이차식인 부등식을 x에 대한 이차부등식이라고 한다.

함수 $y=f(x)$에서 $f(x)$가 x에 대한 일차식 $ax+b\,(a,\ b$는 수, $a\neq0)$로 나타날 때, 이 함수를 x에 대한 **일차함수**라고 한다.

좌표평면 위에서 함수의 그래프가 x축과 만나는 점의 x좌표를 그 그래프의 **x절편**이라 하고, y축과 만나는 점의 y좌표를 그 그래프의 **y절편**이라고 한다.

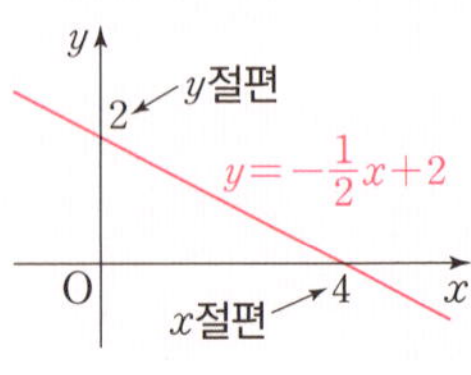

함수
[중2]

두 변수 x, y에 대하여 x의 값이 변함에 따라 y의 값이 하나씩 정해지는 두 양 사이의 대응 관계가 있을 때, y를 x에 대한 함수라 한다.

일차함수

함수 $y=f(x)$에서 $f(x)$가 x에 대한 일차식 $ax+b$로 나타날 때, 이 함수를 x에 대한 일차함수라고 한다.

이차함수
[중3]

함수 $y=f(x)$에서 $f(x)$가 x에 대한 이차식 ax^2+bx+c로 나타날 때, 이 함수를 x에 대한 이차함수라고 한다.

눈금 없는 자와 컴퍼스만을 사용하여 도형을 그리는 것을 작도라고 한다. 눈금 없는 자는 두 점을 이어 선분을 그리거나 주어진 선분을 연장할 때 사용한다. 또 컴퍼스는 원을 그리거나 주어진 선분의 길이를 재어 다른 곳으로 옮길 때 사용한다.

자 초등
길이를 재거나 선을 그을 때 쓰는 도구를 자라고 한다.

컴퍼스 초등
선분의 길이를 재어 옮기거나 원을 그릴 때 쓰는 도구를 컴퍼스라고 한다.

작도
눈금 없는 자와 컴퍼스만을 사용하여 도형을 그리는 것을 작도라고 한다.

다항식의 곱을 분배법칙을 이용하여 하나의 다항식으로 나타내는 것을 전개라고 한다.

$$2x(3x+y)=6x^2+2xy$$

전개

중3 **전개공식**

$$(a+b)^2=a^2+2ab+b^2,\ (a-b)^2=a^2-2ab+b^2$$

$$(a+b)(a-b)=a^2-b^2$$

$$(x+a)(x+b)=x^2+(a+b)x+ab$$

$$(ax+b)(cx+d)=acx^2+(ad+bc)x+bd$$

공통수학1 **전개공식**

$$(a+b+c)^2=a^2+b^2+c^2+2ab+2bc+2ca$$

$$(a+b)^3=a^3+3a^2b+3ab^2+b^3,\ (a-b)^3=a^3-3a^2b+3ab^2-b^3$$

$$(a+b)(a^2-ab+b^2)=a^3+b^3,\ (a-b)(a^2+ab+b^2)=a^3-b^3$$

개념 연결

약수
초등

어떤 수를 나누어떨어지게 하는 수를 그 수의 약수라고 한다.

전개

다항식의 곱셈을 분배법칙을 이용하여 하나의 다항식으로 나타내는 것을 전개한다고 한다.

인수분해
중3

하나의 다항식을 두 개 이상의 다항식의 곱으로 나타내는 것을 인수분해라고 한다.

어떤 집합에 대하여 그 부분집합을 생각할 때, 처음에 주어진 집합을 전체집합이라 하고, 기호로 U와 같이 나타낸다.

집합
공통수학2

어떤 조건에 의하여 그 대상을 분명히 정할 수 있을 때, 그 대상들의 모임을 집합이라 한다.

전체집합

어떤 집합에 대하여 그 부분집합을 생각할 때, 처음에 주어진 집합을 전체집합이라 하고, 기호로 U와 같이 나타낸다.

여집합
공통수학2

전체집합 U의 부분집합 A에 대하여 U의 원소 중에서 A에 속하지 않는 모든 원소로 이루어진 집합을 U에 대한 A의 여집합이라 한다.

부등식의 문자에 어떤 실수를 대입하여도 항상 성립하는 부등식을 절대부등식이라고 한다.

예를 들어, 부등식 $x^2+5>x$는 모든 실수 x에 대하여 항상 성립하므로 부등식 $x^2+5>x$는 절대부등식이다.

항등식 [중1]	문자를 포함하는 등식에서 그 문자에 어떤 값을 대입해도 항상 성립하는 등식을 항등식이라 한다.
부등식 [중2]	부등호 $<$, $>$, $\leq$, $\geq$를 사용하여 수 또는 식 사이의 대소 관계를 나타낸 식을 부등식이라고 한다.
절대부등식	부등식의 문자에 어떤 실수를 대입하여도 항상 성립하는 부등식을 절대부등식이라고 한다.

수직선 위에서 원점과 어떤 수에 대응하는 점 사이의 거리를 그 수의 절댓값이라 하고, 이것을 기호 $|\ \ |$를 사용하여 나타낸다.

예를 들어 $+3$의 절댓값은 $|+3|=3$, -3의 절댓값은 $|-3|=3$ 이다. 특히 0의 절댓값은 0이다. 즉, $|0|=0$이다.

수직선 위에서 $+2$와 -2에 대응하는 점은 모두 원점으로부터 2만큼 떨어져 있다. 따라서 절댓값이 2인 수는 $+2$와 -2, 두 개가 있다.

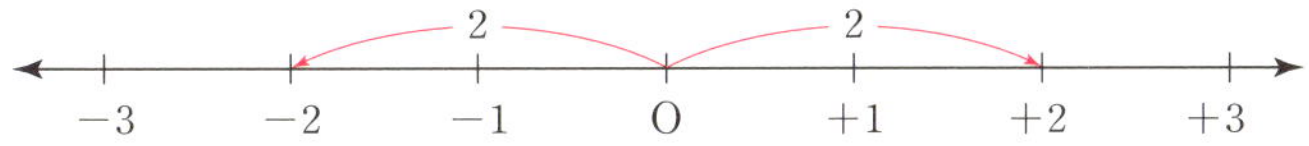

수직선 중1	원점의 오른쪽에 양수를, 왼쪽에 음수를 나타낸 직선을 수직선이라고 한다. 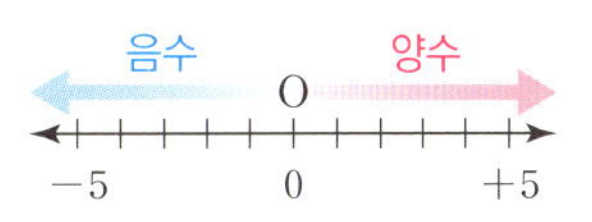
절댓값	수직선 위에서 원점과 어떤 수에 대응하는 점 사이의 거리를 그 수의 절댓값이라고 한다.
유리수의 덧셈 중1	(1) 부호가 같은 두 수의 합은 두 수의 절댓값의 합에 두 수의 공통인 부호를 붙인 것과 같다. (2) 부호가 다른 두 수의 합은 두 수의 절댓값의 차에 절댓값이 큰 수의 부호를 붙인 것과 같다.

중1

직선 l 위에 있지 않은 점 P에서 직선 l에 수선을 그었을 때 생기는 교점 H를 점 P에서 직선 l에 내린 수선의 발이라 하고, 선분 PH의 길이를 점 P와 직선 l 사이의 거리라고 한다.

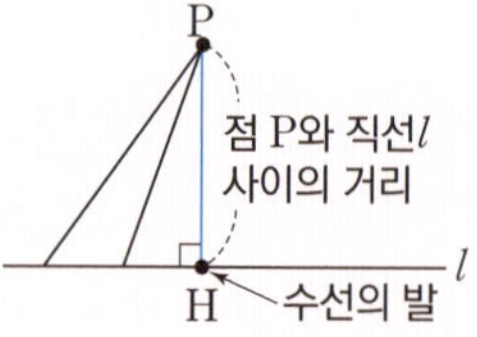

공통수학2

점 $P(x_1, y_1)$과 점 P를 지나지 않는 직선 $ax+by+c=0\,(a \neq 0$ 또는 $b \neq 0)$ 사이의 거리는

$$\frac{|ax_1+by_1+c|}{\sqrt{a^2+b^2}}$$

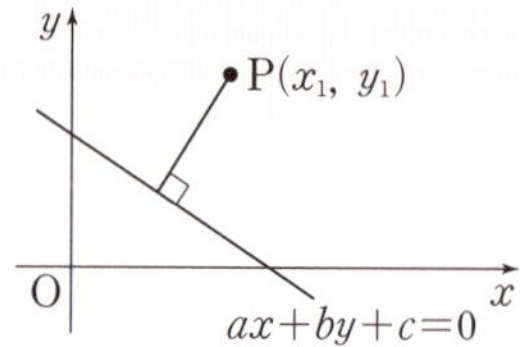

개념 연결

두 점 사이의 거리
공통수학2

좌표평면 위의 두 점 $A(x_1, y_1)$, $B(x_2, y_2)$ 사이의 거리는
$$\sqrt{(x_2-x_1)^2+(y_2-y_1)^2}$$

점과 직선 사이의 거리

직선 위에 있지 않은 점 P에서 직선에 내린 수선의 발을 H라 하면 선분 PH의 길이를 점 P와 직선 사이의 거리라고 한다.

공간에서 두 점 사이의 거리
기하

좌표공간의 두 점 $A(x_1, y_1, z_1)$, $B(x_2, y_2, z_2)$ 사이의 거리는
$$\sqrt{(x_2-x_1)^2+(y_2-y_1)^2+(z_2-z_1)^2}$$

168 접선, 접점 중1

그림과 같이 직선 l이 원 O와 한 점에서 만날 때, 직선 l은 원 O에 접한다고 하고, 직선 l을 원 O의 접선, 원과 접선이 만나는 점 T를 접점이라고 한다.

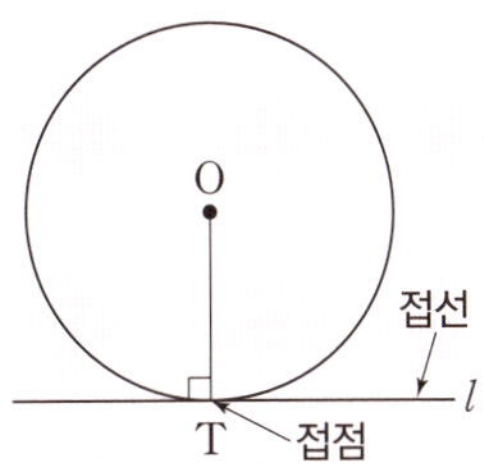

할선 중1
원 위의 두 점을 지나는 직선을 할선이라고 한다.

접선
직선 l이 원 O와 한 점에서 만날 때, 직선 l은 원 O에 접한다고 하고, 직선 l을 원 O의 접선이라고 한다.

내접원 중2
삼각형의 내심을 중심으로 삼각형의 모든 변에 접하는 원을 내접원이라고 한다.

연속확률변수 X의 확률밀도함수 $f(x)$가

$$f(x) = \frac{1}{\sqrt{2\pi}\,\sigma} e^{-\frac{(x-m)^2}{2\sigma^2}}$$

(x는 모든 실수, m은 상수, σ는 양수, e는 2.718281…인 무리수)

일 때, X의 확률분포를 정규분포라 하고, 기호로

$N(m, \sigma^2)$과 같이 나타낸다. 이때 X는 정규분포

$N(m, \sigma^2)$을 따른다고 한다.

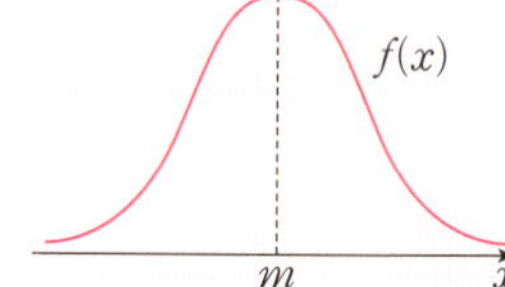

개념 연결

확률분포 확률과 통계	확률변수 X가 갖는 값과 X가 이 값을 가질 확률의 대응 관계를 X의 확률분포라고 한다.
이항분포 확률과 통계	한 번의 시행에서 사건 A가 일어날 확률을 p, 여사건의 확률을 q라 할 때, n번의 독립시행 중 사건 A가 일어나는 횟수 X의 분포가 $_nC_r p^r q^{n-r}$로 나타나는 확률분포를 이항분포라고 한다.
정규분포	실수 전체의 집합에서 정의된 연속확률변수 X의 확률밀도함수가 $$\frac{1}{\sqrt{2\pi}\,\sigma} e^{-\frac{(x-m)^2}{2\sigma^2}}$$ 일 때, X의 확률분포를 정규분포라고 한다.

모든 면이 합동인 정다각형이고, 각 꼭짓점에 모인 면의 개수가 같은 다면체를 정다면체라고 한다. 정다면체는 정사면체, 정육면체, 정팔면체, 정십이면체, 정이십면체의 다섯 가지뿐이며 면의 모양에 따라 분류하면 다음과 같다.

❶ 면이 정삼각형인 경우

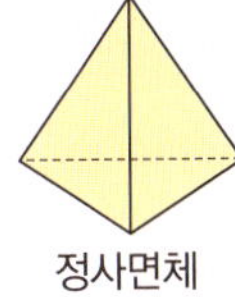

정사면체

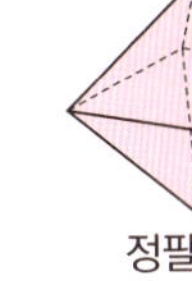

정팔면체

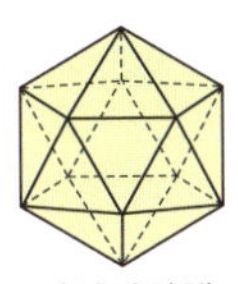

정이십면체

❷ 면이 정사각형인 경우

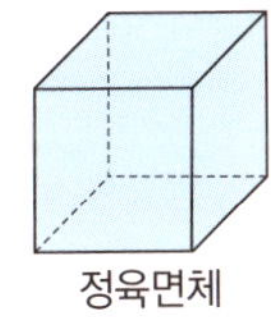

정육면체

❸ 면이 정오각형인 경우

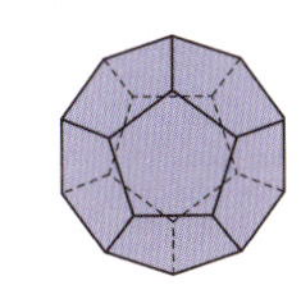

정십이면체

개념 연결

| **다각형** 초등 | 선분으로만 둘러싸인 도형을 다각형이라고 한다. |

| **다면체** 중1 | 다각형 모양의 면으로만 둘러싸인 입체도형을 다면체라고 한다. |

| **정다면체** | 모든 면이 합동인 정다각형이고, 각 꼭짓점에 모인 면의 개수가 같은 다면체를 정다면체라고 한다. |

두 변수 x, y에 대하여 x의 값이 2배, 3배, 4배, …로 변함에 따라 y의 값도 2배, 3배, 4배, …로 변하는 관계가 있을 때, y는 x에 정비례한다고 한다.

x(개)	1	2	3	4	5	6	…
$y(g)$	6	12	18	24	30	36	…

일반적으로 y가 x에 정비례하면 x와 y 사이의 관계식은 $y=ax\,(a\neq0)$로 나타낼 수 있다.

$$y=ax$$
└─ 일정한 수

또 x와 y 사이에 $y=ax\,(a\neq0)$인 관계가 있으면 y는 x에 정비례한다.

정비례 — 두 양 x, y에서 x의 값이 2배, 3배, 4배, …로 변함에 따라 y의 값은 2배, 3배, 4배, …로 변하는 관계가 있을 때, y는 x에 정비례한다고 한다.

반비례 중1 — 두 양 x, y에서 x의 값이 2배, 3배, 4배, …로 변함에 따라 y의 값은 $\frac{1}{2}$배, $\frac{1}{3}$배, $\frac{1}{4}$배, …로 변하는 관계가 있을 때, y는 x에 반비례한다고 한다.

함수 중2 — 두 변수 x, y에 대하여 x 값이 변함에 따라 y의 값이 하나씩 정해지는 대응 관계가 있을 때, y를 x에 대한 함수라 한다.

네 변의 길이가 모두 같고, 네 각의 크기가 모두 같은 사각형을 정사각형이라고
한다.

정사각형의 성질

정사각형의 두 대각선은 길이가 같고, 서로 다른 것을
수직이등분한다.

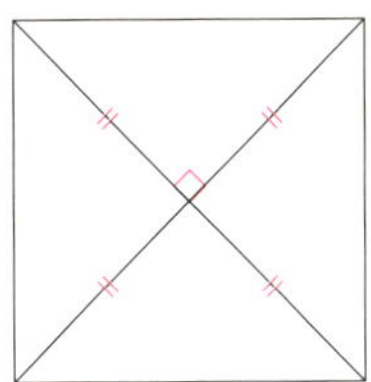

개념 연결

직사각형
중2

네 각의 크기가 모두 같은 사각형을 직사각형이라 한다.
직사각형의 두 대각선은 길이가 같고 서로 다른 것을 이등분한다.

마름모
중2

네 변의 길이가 같은 사각형을 마름모라고 한다.
마름모의 두 대각선은 서로 다른 것을 수직이등분한다.

정사각형

네 각의 크기가 모두 같고, 네 변의 길이가 모두 같은 사각형을 정사각
형이라 한다.
정사각형의 두 대각선은 길이가 같고 서로 다른 것을 수직이등분한다.

어떤 기준을 중심으로 한쪽에는 +를, 다른 한쪽에는 −를 붙여서 나타내면 편리하다. 이때 '+'를 양의 부호, '−'를 음의 부호라고 한다. +3, +0.5 등과 같이 양의 부호 +를 붙인 수를 양수, −2, $-\dfrac{3}{5}$ 등과 같이 음의 부호 −를 붙인 수를 음수라고 한다.

자연수에 +1, +2, +3, …과 같이 양의 부호 +를 붙인 수를 양의 정수라 하고, −1, −2, −3, …과 같이 음의 부호 −를 붙인 수를 음의 정수라고 한다. 양의 정수, 0, 음의 정수를 통틀어 정수라고 한다.

$$\text{정수} \begin{cases} \text{양의 정수(자연수)} \\ 0 \\ \text{음의 정수} \end{cases}$$

개념 연결

정수	자연수에 +1, +2, …와 같이 양의 부호 +를 붙인 수를 양의 정수라 하고, −1, −2, …와 같이 음의 부호 −를 붙인 수를 음의 정수라고 한다. 양의 정수, 0, 음의 정수를 통틀어 정수라고 한다.
유리수 중1	두 정수 a, b에 대하여 $\dfrac{a}{b}$ $(b \neq 0)$의 꼴로 나타낼 수 있는 수를 유리수라고 한다.
무리수 중3	순환소수가 아닌 무한소수를 무리수라고 한다.

174 정의, 정리 공통수학2

용어의 뜻을 명확하게 정한 것을 그 용어의 정의라고 한다.

참임이 증명된 명제 중에서 기본이 되거나 다른 명제를 증명할 때 이용할 수 있는 것을 정리라고 한다.

예를 들어 '두 변의 길이가 같은 삼각형'은 이등변삼각형의 정의이고 '이등변삼각형은 두 밑각의 크기가 같다.'는 이등변삼각형의 정리(또는 성질)이다.

증명 중2
이미 알려진 사실이나 성질을 이용하여 명제가 참임을 논리적으로 밝히는 과정을 증명이라고 한다.

정의
용어의 뜻을 명확하게 정한 것을 그 용어의 정의라고 한다.

정리
참임이 증명된 명제 중에서 기본이 되거나 다른 명제를 증명할 때 이용할 수 있는 것을 정리라고 한다.

$a < b$인 실수 a, b에 대하여 구간 $[a, b]$에서 연속인 함수 $f(x)$와 x축 및 두 직선 $x = a$, $x = b$로 둘러싸인 도형에서 그림과 같이 $f(x) \geq 0$인 부분의 넓이를 S_1, $f(x) \leq 0$인 부분의 넓이를 S_2라고 하면 $S_1 - S_2$를 함수 $f(x)$의 a에서 b까지의 정적분이라 하고 기호로 $\displaystyle\int_a^b f(x)\,dx$와 같이 나타낸다.

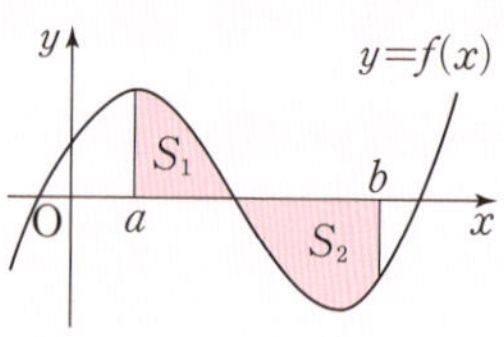

즉, 함수 $f(x)$의 a에서 b까지의 정적분은 $\displaystyle\int_a^b f(x)\,dx = S_1 - S_2$이다.

개념 연결

도함수
미적분 I

정의역의 각 원소 x에 미분계수 $f'(x)$를 대응시키는 함수
$$\lim_{\varDelta x \to 0} \frac{f(x + \varDelta x) - f(x)}{\varDelta x}$$
를 함수 $f(x)$의 도함수 $f'(x)$라 한다.

부정적분
미적분 I

함수 $F(x)$의 도함수가 $f(x)$일 때, 즉 $F'(x) = f(x)$일 때, 함수 $F(x)$를 $f(x)$의 부정적분이라고 한다.

정적분

함수 $f(x)$의 a에서 b까지의 정적분은
$\displaystyle\int_a^b f(x)\,dx = S_1 - S_2$이다.

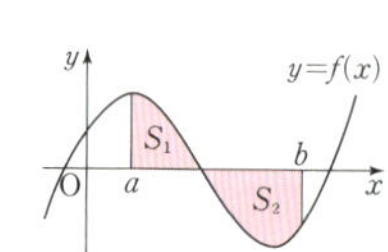

`중3`

어떤 수 x를 제곱하여 a가 될 때, 즉 $x^2=a$일 때 x를 a의 제곱근이라고 한다. a의 제곱근은 $\sqrt{a}$와 $-\sqrt{a}$로 두 개이며, 한꺼번에 $\pm\sqrt{a}$로 나타내기도 한다. 이때, 기호 $\sqrt{}$ 를 근호라 하고, $\sqrt{a}$를 '제곱근 a' 또는 '루트 a'라고 읽는다.

`공통수학1`

양수 a에 대하여 $-a$의 제곱근은 $\pm\sqrt{a}i$이다.
이때 $\sqrt{-a}=\sqrt{a}i$로 나타낸다.

개념 연결

제곱근	어떤 수 x를 제곱하여 a가 될 때, 즉 $x^2=a$일 때 x를 a의 제곱근이라고 한다.
음수의 제곱근	양수 a에 대하여 $-a$의 제곱근은 $\pm\sqrt{a}i$이다.
거듭제곱근 `대수`	a의 제곱근, 세제곱근, 네제곱근, …을 통틀어 a의 거듭제곱근이라고 한다.

변수를 포함하는 문장이나 식이 그 변수의 값에 따라 참, 거짓이 판별될 때, 그 문장이나 식을 조건이라고 한다. 이때 전체집합 U의 원소 중에서 조건을 참이 되게 하는 모든 원소의 집합을 그 조건의 진리집합이라고 한다.

예를 들어 '$x \geq 5$'는 그 자체로 참, 거짓을 판별할 수 없지만 $x=5$이면 참인 명제가 되고, $x=3$이면 거짓인 명제가 되므로 조건이다.

명제 (공통수학2)	참, 거짓을 명확하게 판별할 수 있는 문장이나 식
조건	변수의 값에 따라 참, 거짓을 판별할 수 있는 문장이나 식
가정, 결론 (공통수학2)	두 조건 p, q로 이루어진 명제 'p이면 q이다.'에서 p를 가정, q를 결론이라고 한다.

표본공간 S의 두 사건 A, B에 대하여 확률이 0이 아닌 사건 A가 일어났다는 조건 아래에서 사건 B가 일어날 확률을 사건 A가 일어났을 때의 사건 B의 조건부확률이라 하고, 기호로 $\mathrm{P}(B\,|\,A)$와 같이 나타낸다. 이때 $\mathrm{P}(B\,|\,A)$는

$$\mathrm{P}(B\,|\,A)=\frac{\mathrm{P}(A\cap B)}{\mathrm{P}(A)}\text{로 정의한다.}$$

확률 확률과 통계	어떤 시행에서 표본공간 S의 각 근원사건이 일어날 가능성이 모든 같은 정도로 기대될 때, 사건 A가 일어날 확률 $\mathrm{P}(A)$를 $\mathrm{P}(A)=\dfrac{n(A)}{n(S)}$로 정의한다.
조건부확률	확률이 0이 아닌 사건 A가 일어났다고 가정할 때 사건 B가 일어날 확률을 사건 A가 일어났을 때 사건 B의 조건부확률이라 하고, 기호로 $\mathrm{P}(B\,|\,A)$와 같이 나타낸다.
독립 확률과 통계	확률이 0이 아닌 두 사건 A, B에 대하여 $\mathrm{P}(B\,|\,A)=\mathrm{P}(B)$ 또는 $\mathrm{P}(A\,|\,B)=\mathrm{P}(A)$일 때, 두 사건 A, B는 서로 독립이라고 한다.

다항식을 일차식으로 나눌 때, 몫과 나머지를 계수와 상수항을 이용하여 구하는 방법을 조립제법이라고 한다. 예를 들어 다항식 $2x^3+3x^2-6x+1$을 $x-2$로 나누면 다음과 같다.

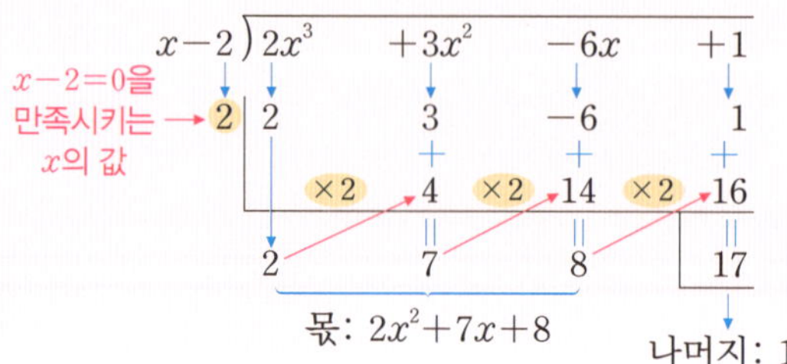

다항식의 나눗셈
공통수학1

다항식 A를 다항식 $B\,(B\neq0)$로 나누었을 때 몫을 Q, 나머지를 R이라고 하면 $A=BQ+R$과 같이 나타낼 수 있다. 이때 R의 차수는 B의 차수보다 낮다.

조립제법

다항식을 일차식으로 나눌 때, 몫과 나머지를 계수와 상수항을 이용하여 구하는 방법을 조립제법이라고 한다.

인수정리
공통수학1

다항식 $P(x)$에 대하여
① $P(\alpha)=0$이면 $P(x)$는 일차식 $x-\alpha$로 나누어떨어진다.
② $P(x)$가 일차식 $x-\alpha$로 나누어떨어지면 $P(\alpha)=0$이다.

서로 다른 n개에서 순서를 생각하지 않고 $r\,(0<r\leq n)$개를 택하는 것을 n개에서 r개를 택하는 조합이라고 한다. 이때 조합의 가짓수를 조합의 수라 하고 기호로 $_n\mathrm{C}_r$과 같이 나타낸다.

① $_n\mathrm{C}_0=1$

② $_n\mathrm{C}_r=\dfrac{_n\mathrm{P}_r}{r!}=\dfrac{n!}{r!(n-r)!}$

곱의 법칙 공통수학1	사건 A가 일어나는 경우의 수가 m이고, 그 각각에 대하여 사건 B가 일어나는 경우의 수가 n일 때, 두 사건 A, B가 동시에 일어나는 경우의 수는 $m\times n$이다.
순열 공통수학1	서로 다른 n개에서 $r\,(0<r\leq n)$개를 택하여 일렬로 나열하는 것을 n개에서 r개를 택하는 순열이라고 한다.
조합	서로 다른 n개에서 $r\,(0<r\leq n)$개를 택하는 것을 n개에서 r개를 택하는 조합이라고 한다.

함수 $f(x)$에서 x의 값이 a보다 작으면서 a에 한없이 가까워질 때, $f(x)$의 값이 일정한 값 α에 한없이 가까워지면 α를 $x=a$에서 함수 $f(x)$의 좌극한이라 하고, 기호로 $\displaystyle\lim_{x \to a-} f(x) = \alpha$ 또는 $x \to a-$일 때, $f(x) \to \alpha$ 와 같이 나타낸다.

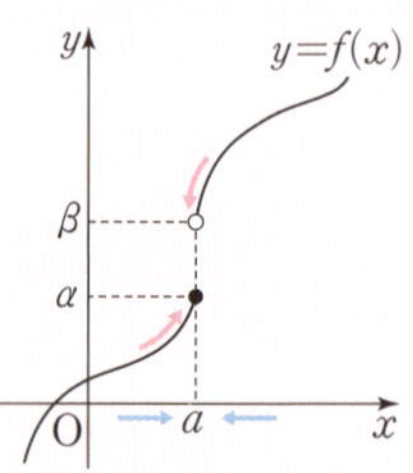

또 x의 값이 a보다 크면서 a에 한없이 가까워질 때, $f(x)$의 값이 일정한 값 β에 한없이 가까워지면 β를 $x=a$에서 함수 $f(x)$의 우극한이라 하고, 기호로 $\displaystyle\lim_{x \to a+} f(x) = \beta$ 또는 $x \to a+$일 때, $f(x) \to \beta$와 같이 나타낸다.

극한, 극한값 [미적분 I]	함수 $f(x)$에서 x의 값이 a에 한없이 가까워질 때, $f(x)$의 값이 일정한 값 α에 한없이 가까워지면 α를 $x=a$에서 함수 $f(x)$의 극한값 또는 극한이라 한다.
좌극한	함수 $f(x)$에서 x의 값이 a보다 작으면서 a에 한없이 가까워질 때, $f(x)$의 값이 일정한 값 L에 한없이 가까워지면 L을 $x=a$에서 함수 $f(x)$의 좌극한이라 한다.
우극한	함수 $f(x)$에서 x의 값이 a보다 크면서 a에 한없이 가까워질 때, $f(x)$의 값이 일정한 값 L에 한없이 가까워지면 L을 $x=a$에서 함수 $f(x)$의 우극한이라 한다.

수직선 위의 한 점에 대응하는 수를 그 점의 좌표라 하고, 점 P의 좌표가 a일 때, 이것을 기호로 P(a)와 같이 나타낸다.

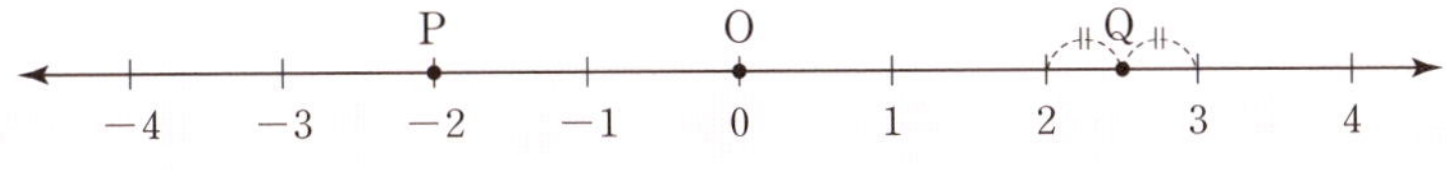

$$P(-2),\ O(0),\ Q\!\left(\dfrac{5}{2}\right)$$

좌표평면 위의 한 점 P에서 x축, y축에 내린 수선이 축과 만나는 점에 대응하는 수를 각각 a, b라고 할 때, 순서쌍 (a, b)를 점 P의 좌표라 하고, 이것을 기호로 P(a, b)와 같이 나타낸다. 이때 a를 점 P의 **x좌표**, b를 점 P의 **y좌표**라고 한다.

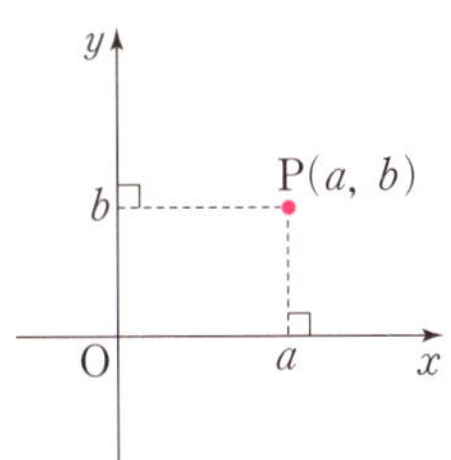

개념 연결

수직선 중1	원점의 오른쪽에 양수를, 왼쪽에 음수를 나타낸 직선을 수직선이라고 한다.	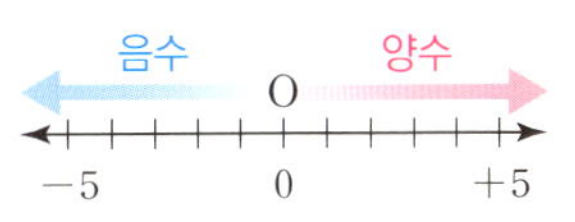
좌표	좌표평면 위의 한 점 P에서 x축, y축에 내린 수선이 축과 만나는 점에 대응하는 수를 각각 a, b라고 할 때, 순서쌍 (a, b)를 점 P의 좌표라 한다.	
좌표평면 중1	서로 수직으로 만나는 좌표축(x축과 y축)이 정해져 있는 평면을 좌표평면이라고 한다.	

두 수직선이 점 O에서 서로 수직으로 만날 때 가로의 수직선을 x축, 세로의 수직선을 y축이라 하고, 이 두 축을 통틀어 좌표축이라고 한다. 또 두 좌표축이 만나는 점 O를 원점이라 하고, 좌표축이 정해져 있는 평면을 좌표평면이라고 한다.

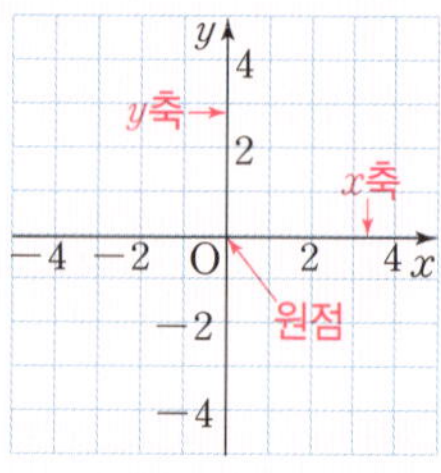

개념 연결

수직선 중1	원점의 오른쪽에 양수를, 왼쪽에 음수를 나타낸 직선을 수직선이라고 한다.

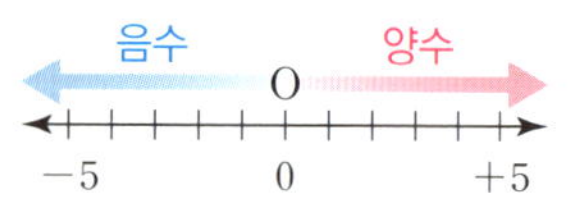

좌표 중1	좌표평면 위의 한 점 P에서 x축, y축에 내린 수선이 축과 만나는 점에 대응하는 수를 각각 a, b라고 할 때, 순서쌍 (a, b)를 점 P의 좌표라 한다.

좌표평면	서로 수직으로 만나는 좌표축(x축과 y축)이 정해져 있는 평면을 좌표평면이라고 한다.

함수 $y=f(x)$의 정의역에 속하는 모든 x에 대하여 $f(x+p)=f(x)$를 만족시키는 0이 아닌 실수 p가 존재할 때, 함수 $y=f(x)$를 주기함수라 하고 실수 p 중에서 최소인 양수를 그 함수의 **주기**라고 한다.

개념 연결

사인함수
대수

점 P가 원점을 중심으로 하는 단위원 위를 움직일 때, 각의 크기 θ를 정의역으로 하는 함수 $y=\sin\theta$를 사인함수라 한다.

코사인함수
대수

점 P가 원점을 중심으로 하는 단위원 위를 움직일 때, 각의 크기 θ를 정의역으로 하는 함수 $y=\cos\theta$를 코사인함수라 한다.

주기함수

함수 $y=f(x)$의 정의역에 속하는 모든 x에 대하여 $f(x+p)=f(x)$를 만족시키는 0이 아닌 실수 p가 존재할 때, 함수 $y=f(x)$를 주기함수라 한다.

자료의 분포 상태를 쉽게 알아볼 수 있도록

① 변량을 줄기와 잎으로 구분한다. 이때 줄기는 십
　의 자리의 숫자, 잎은 일의 자리의 숫자로 한다.

② 세로선을 긋고, 세로선의 왼쪽에 줄기를 작은
　수부터 세로로 쓴다.

③ 세로선의 오른쪽에 각 줄기에 해당하는 잎을 가로로 크기순으로 쓴다. 이때
　중복되는 변량의 잎은 중복된 횟수만큼 쓴다.

이와 같이 자료를 줄기와 잎을 이용하여 나타낸 그림을 줄기와 잎 그림이라고 한다.

자료를 줄기와 잎 그림으로 나타내면 각각의 변량을 알 수 있을 뿐만 아니라 자
료의 전체적인 분포 상태도 쉽게 알 수 있다.

〈참가자의 나이〉

(1│6은 16세)

줄기	잎
0	1 2 2 3 5
1	1 2 4 5 6 6 8 9
2	0 7

줄기와 잎 그림 — 변량을 줄기와 잎을 이용하여 나타낸 그림을 줄기와 잎 그림이라고 한다.

줄기	잎
13	5 9
14	1 3 6 7
15	6 7 9
16	2 4 9

도수분포표 (중1) — 자료를 몇 개의 계급으로 나누고 각 계급의 도수를 나타낸 표를 도수
분포표라고 한다.

히스토그램 (중1) — 어떤 비교 대상의 양이나 수치 따위의 분포를 그에 비례하는 막대 모
양의 도형으로 나타낸 그래프를 히스토그램이라고 한다.

서로 다른 n개에서 중복을 허용하여 r개를 택하여 일렬로 배열하는 것을 n개에서 r개를 택하는 **중복순열**이라 하고, 이 중복순열의 수를 기호로 $_n\Pi_r$과 같이 나타낸다. 서로 다른 n개에서 r개를 택하는 중복순열의 수는 $_n\Pi_r = n^r$이다.

개념 연결

순열 [공통수학1]	서로 다른 n개에서 $r\,(0 < r \le n)$개를 택하여 일렬로 나열하는 것을 n개에서 r개를 택하는 순열이라고 한다.
중복순열	서로 다른 n개에서 중복을 허용하여 r개를 택하여 일렬로 배열하는 것을 n개에서 r개를 택하는 중복순열이라고 한다.
중복조합 [확률과 통계]	서로 다른 n개에서 중복을 허용하여 r개를 택하는 조합을 중복조합이라고 한다.

187 중복조합

서로 다른 n개에서 중복을 허용하여 r개를 택하는 조합을 **중복조합**이라 하고, 이 중복조합의 수를 기호로 $_n\mathrm{H}_r$과 같이 나타낸다.

서로 다른 n개에서 r개를 택하는 중복조합의 수는

$$_n\mathrm{H}_r = {}_{n+r-1}\mathrm{C}_r \text{이다.}$$

순열 공통수학1	서로 다른 n개에서 $r\ (0 < r \leq n)$개를 택하여 일렬로 나열하는 것을 n개에서 r개를 택하는 순열이라고 한다.
중복순열 확률과 통계	서로 다른 n개에서 중복을 허용하여 r개를 택하여 일렬로 배열하는 것을 n개에서 r개를 택하는 중복순열이라고 한다.
중복조합	서로 다른 n개에서 중복을 허용하여 r개를 택하는 조합을 중복조합이라고 한다.

변량을 작은 값부터 크기순으로 나열했을 때 자료의 중앙에 위치한 값을 그 자료의 중앙값이라고 한다.

중앙값을 구할 때는 변량을 작은 값부터 크기순으로 나열하여 변량의 개수가 홀수이면 중앙에 위치한 하나의 값을 중앙값으로 하고, 변량의 개수가 짝수이면 중앙에 위치한 두 값의 평균을 중앙값으로 한다. 중앙값은 자료의 중심경향과 특징을 나타내는 대푯값 중 하나이다.

평균
중1

전체를 고르게 만든 값을 평균이라고 한다.

중앙값

변량을 작은 값부터 크기순으로 나열했을 때 자료의 중앙에 위치한 값을 그 자료의 중앙값이라고 한다.

최빈값
중1

자료에서 가장 많이 나타난 값을 그 자료의 최빈값이라고 한다.

선분 AB 위의 한 점 M에 대하여 $\overline{AM}=\overline{MB}$일 때, 점 M을 선분 AB의 중점이라고 한다.

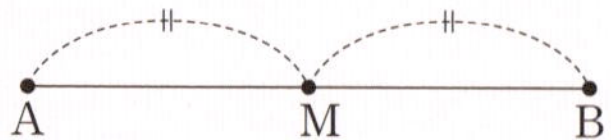

이때 점 M은 선분 AB를 이등분하므로 $\overline{AM}=\overline{MB}=\dfrac{1}{2}\overline{AB}$이다.

개념 연결

중점	선분 AB 위의 한 점 M에 대하여 $\overline{AM}=\overline{MB}$일 때, 점 M을 선분 AB의 중점이라고 한다.	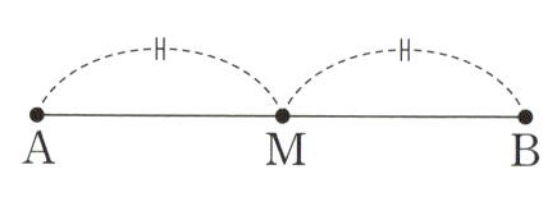

수직이등분선 중1

직선이 선분의 중점을 지나면서 선분에 수직일 때, 이 직선을 선분의 수직이등분선이라고 한다.

무게중심 중2

삼각형의 세 중선의 교점은 한 점에서 만난다. 이 점을 그 삼각형의 무게중심이라고 한다.

어떤 명제가 참임을 논리적으로 밝히는 과정을 증명이라고 한다.

명제가 거짓임을 보이는 예를 반례라고 한다. 예를 들어 명제 '소수는 홀수이다.'
는 거짓이고 이 명제의 반례는 2이다.

증명	이미 알려진 사실이나 성질을 이용하여 명제가 참임을 논리적으로 밝히는 과정을 증명이라고 한다.
정의　공통수학2	용어의 뜻을 명확하게 정한 것을 그 용어의 정의라고 한다.
정리　공통수학2	참임이 증명된 명제 중에서 기본이 되거나 다른 명제를 증명할 때 이용할 수 있는 것을 정리라고 한다.

[중1]

같은 수를 여러 번 곱하여 거듭제곱으로 나타낼 때, 곱하는 수를 거듭제곱의 **밑**, 곱한 횟수를 거듭제곱의 지수라고 한다. 예를 들어 2^2, 2^3, 2^4, $\cdots$에서 2, 3, 4 를 거듭제곱의 지수라고 한다.

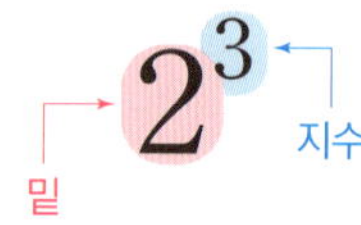

[대수]

실수 a를 n번 곱한 것을 a의 n제곱이라 하고, a^n으로 나타낸다. 이때 a, a^2, a^3, $\cdots$을 통틀어 a의 **거듭제곱** 이라 하고, a^n에서 n을 거듭제곱의 지수라고 한다.

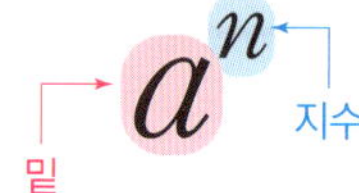

개념 연결

| 거듭제곱 [중1] | 똑같은 수를 거듭 곱하는 것을 간단히 거듭제곱으로 나타낸다. $3 \times 3 \times 3 \times 3 = 3^4$ |

| 밑 [중1] | 같은 수를 여러 번 곱하여 거듭제곱으로 나타낼 때, 곱하는 수를 거듭제곱의 밑이라고 한다. |

| 지수 | 같은 수를 여러 번 곱하여 거듭제곱으로 나타낼 때, 곱한 횟수를 거듭제곱의 지수라고 한다. |

a가 1이 아닌 양수일 때, 임의의 실수 x에 a^x을 대응시키면 x의 값에 따라 a^x의 값은 단 하나로 정해지므로 $y=a^x\,(a>0,\ a\neq1)$은 함수가 된다. 이 함수를 a를 밑으로 하는 지수함수라고 한다.

지수　대수
어떤 수 a를 여러 번 곱한 a의 거듭제곱 a^n에서 n을 거듭제곱의 지수라고 한다.

지수함수
$a>0$, $a\neq1$일 때, $y=a^x$을 a를 밑으로 하는 지수함수라고 한다.

로그함수　대수
지수함수 $y=a^x\,(a>0,\ a\neq1)$의 역함수 $y=\log_a x$를 a를 밑으로 하는 로그함수라고 한다.

네 각의 크기가 모두 같은 사각형을 직사각형이라고 한다.

직사각형의 성질

직사각형의 두 대각선은 길이가 같고, 서로 다른 것을 이등분한다.

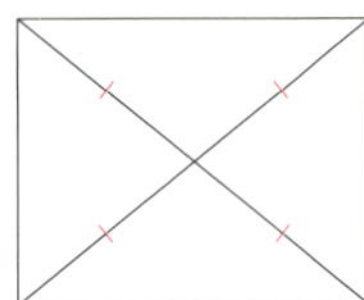

직사각형	네 각의 크기가 모두 같은 사각형을 직사각형이라 한다. 직사각형의 두 대각선은 길이가 같고 서로 다른 것을 이등분한다.
마름모 중2	네 변의 길이가 모두 같은 사각형을 마름모라고 한다. 마름모의 두 대각선은 서로 다른 것을 수직이등분한다.
정사각형 중2	네 각의 크기가 모두 같고, 네 변의 길이가 모두 같은 사각형을 정사각형이라 한다. 정사각형의 두 대각선은 길이가 같고 서로를 수직이등분한다.

두 점 A, B를 지나는 무한히 길고 곧은 선을 직선 AB라 하고, 기호로 $\overleftrightarrow{AB}$와 같이 나타낸다.

직선 AB 위의 점 A에서 시작하여 점 B의 방향으로 한없이 뻗어 나가는 직선 AB의 부분을 반직선 AB라 하고, 기호로 $\overrightarrow{AB}$와 같이 나타낸다. 직선 AB 위의 두 점 A, B를 포함하여 점 A에서 점 B까지의 부분을 선분 AB라 하고, 기호로 $\overline{AB}$와 같이 나타낸다.

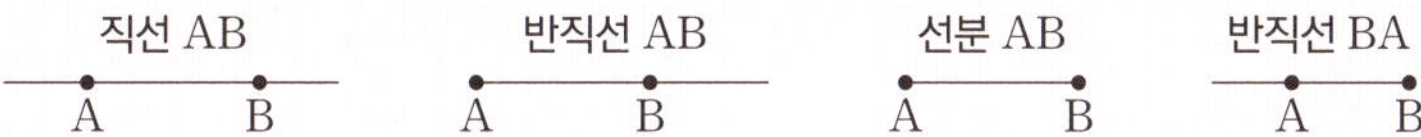

$\overleftrightarrow{AB}$와 $\overleftrightarrow{BA}$는 서로 같은 직선이다. $\overrightarrow{AB}$와 $\overrightarrow{BA}$는 서로 다른 반직선이다. $\overline{AB}$와 $\overline{BA}$는 서로 같은 선분이다.

직선	두 점 A, B를 지나는 무한히 길고 곧은 선을 직선 AB라고 한다.
반직선	직선 AB 위의 점 A에서 시작하여 점 B의 방향으로 한없이 뻗어 나가는 직선 AB의 부분을 반직선 AB라 한다.
선분	직선 AB 위의 두 점 A, B를 포함하여 점 A에서 점 B까지의 부분을 선분 AB라 한다.

x, y의 값의 범위가 수 전체일 때, 일차방정식

$ax+by+c=0\,(a\neq0$ 또는 $b\neq0)$의 해는 무수히 많고 이 해를 모두 좌표평면 위에 나타내면 직선이 된다. 이 직선을 일차방정식 $ax+by+c=0$의 그래프라 하고, 일차방정식 $ax+by+c=0$을 직선의 방정식이라고 한다.

직선
중1

두 점 A, B를 지나는 무한히 길고 곧은 선을 직선 AB라고 한다.

직선의 방정식

x, y의 값의 범위가 수 전체일 때, 일차방정식 $ax+by+c=0$을 직선의 방정식이라고 한다.

직선의 방정식
공통수학2

점 $(x_1,\ y_1)$을 지나고 기울기가 m인 직선의 방정식은
$y-y_1=m(x-x_1)$이다.

196 직선의 방정식 공통수학2

점 $A(x_1, y_1)$을 지나고 기울기가 m인 직선의 방정식은

$$y - y_1 = m(x - x_1)$$

이다.

서로 다른 두 점 $A(x_1, y_1)$, $B(x_2, y_2)$를 지나는 직선의 방정식은

① $x_1 \neq x_2$일 때, $y - y_1 = \dfrac{y_2 - y_1}{x_2 - x_1}(x - x_1)$

② $x_1 = x_2$일 때, $x = x_1$이다.

직선
중1

두 점 A, B를 지나는 무한히 길고 곧은 선을 직선 AB라고 한다.

직선의 방정식
중2

x, y의 값의 범위가 수 전체일 때, 일차방정식 $ax + by + c = 0$을 직선의 방정식이라고 한다.

직선의 방정식

점 (x_1, y_1)을 지나고 기울기가 m인 직선의 방정식은
$y - y_1 = m(x - x_1)$이다.

집합 A가 집합 B의 부분집합이고 A, B가 서로 같지 않을 때, 즉 $A \subset B$이고 $A \neq B$일 때, A를 B의 진부분집합이라고 한다.

집합 〔공통수학2〕	어떤 조건에 의하여 그 대상을 분명히 정할 수 있을 때, 그 대상들의 모임을 집합이라고 한다.
부분집합 〔공통수학2〕	두 집합 A, B에 대하여 A의 모든 원소가 B에 속할 때, A를 B의 부분집합이라고 한다.
진부분집합	두 집합 A, B에 대하여 $A \subset B$이고 $A \neq B$일 때, A를 B의 진부분집합이라고 한다.

주어진 조건에 따라 대상을 분명하게 정할 수 있을 때, 그 대상들의 모임을 집합이라고 한다. 예를 들어 10의 약수의 모임은 대상을 분명하게 정할 수 있으므로 집합이다. 하지만 $\sqrt{3}$에 가까운 값들의 모임은 '가깝다'의 기준이 명확하지 않기 때문에 그 대상이 분명하지 않으므로 집합이 아니다.

| 집합 | 어떤 조건에 의하여 그 대상을 분명히 정할 수 있을 때, 그 대상들의 모임을 집합이라 한다. |

| 원소 〔공통수학2〕 | 집합을 이루는 대상 하나하나를 그 집합의 원소라고 한다. |

| 원소나열법 〔공통수학2〕 | 집합에 속하는 모든 원소를 기호 { } 안에 나열하여 집합을 나타내는 방법을 원소나열법이라 한다. |

$2a$는 $2 \times a$로 문자 a가 한 개 곱해진 항이고, $2a^3$은 $2 \times a \times a \times a$로 문자 a가 세 개 곱해진 항이다. 이와 같이 어떤 항에서 문자가 곱해진 개수를 그 문자에 대한 항의 **차수**라고 한다. 즉, a에 대한 $2a$의 차수는 1이고, $2a^3$의 차수는 3이다. 다항식에서 차수가 가장 큰 항의 차수를 그 다항식의 차수라고 한다. 특히 차수가 1인 다항식을 **일차식**, 차수가 2인 다항식은 **이차식**이라고 한다.

개념 연결

계수
중1

항 $3x$에서 문자 x에 곱해진 수 3을 x의 계수라고 한다.

차수

어떤 항에서 문자가 곱해진 개수를 그 문자에 대한 항의 차수라고 한다.

지수법칙
중2

m, n이 자연수일 때
$a^m \times a^n = a^{m+n}$
$(a^m)^n = a^{mn}$

두 집합 A, B에 대하여 A에는 속하지만 B에는 속하지 않는 모든 원소로 이루어진 집합을 A에 대한 B의 **차집합**이라 하고, 기호로 $A-B$와 같이 나타낸다.
집합 A에 대한 집합 B의 차집합을 조건제시법으로 나타내면
$A-B=\{x\,|\,x\in A$ 그리고 $x\notin B\}$이다.

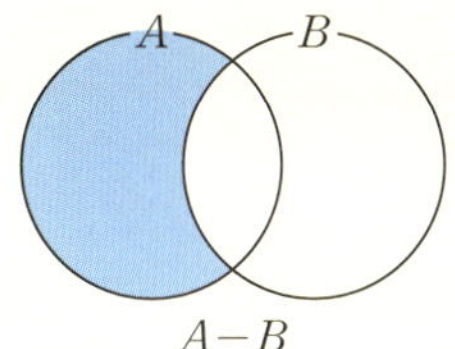

합집합 (공통수학2)	두 집합 A, B에 대하여 A에 속하거나 B에 속하는 모든 원소로 이루어진 집합을 A와 B의 합집합이라 한다.
여집합 (공통수학2)	전체집합 U의 부분집합 A에 대하여 U의 원소 중에서 A에 속하지 않는 모든 원소로 이루어진 집합을 U에 대한 A의 여집합이라 한다.
차집합	두 집합 A, B에 대하여 A에는 속하지만 B에는 속하지 않는 모든 원소로 이루어진 집합을 A에 대한 B의 차집합이라 하고, 기호로 $A-B$와 같이 나타낸다.

함수 $f(x)$가 닫힌구간 $[a, b]$에서 연속이면 함수 $f(x)$는 이 구간에서 반드시 최댓값과 최솟값을 갖는다. 이를 최대·최소 정리라고 한다.

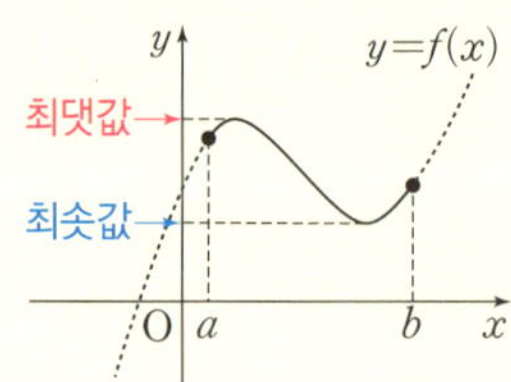

최대·최소 정리

함수 $f(x)$가 구간 $[a, b]$에서 연속이면 함수 $f(x)$는 이 구간에서 반드시 최댓값과 최솟값을 갖는다.

사잇값 정리 [미적분 I]

함수 $f(x)$가 구간 $[a, b]$에서 연속이고 $f(a) \neq f(b)$이면 $f(a)$와 $f(b)$ 사이의 임의의 실수 k에 대하여 $f(c)=k$인 c가 구간 (a, b)에 적어도 하나 존재한다.

평균값 정리 [미적분 I]

함수 $f(x)$가 구간 $[a, b]$에서 연속이고 구간 (a, b)에서 미분가능할 때, $\dfrac{f(b)-f(a)}{b-a}=f'(c)$인 c가 구간 (a, b)에 적어도 하나 존재한다.

초등

둘 또는 셋 이상인 수의 약수 중 공통인 약수를 공약수라 하고, 공약수 중에서 가장 큰 수를 그 수들의 최대공약수라고 한다.

중1

두 자연수를 소인수분해하여 거듭제곱으로 나타내었을 때, 최대공약수는 공통인 소인수의 거듭제곱에서 지수가 같으면 그대로, 다르면 작은 것을 택하여 모두 곱하여 구한다.

$$
\begin{array}{r}
2\,)\overline{\,54\quad 90\,} \\
3\,)\overline{\,27\quad 45\,} \\
3\,)\overline{\,\ 9\quad 15\,} \\
3\quad\ 5
\end{array}
$$

$\Rightarrow 2\times3\times3=18$ (최대공약수)

$$54 = 2\times3\times3\times3 \qquad = 2\times3^3$$
$$90 = 2\times3\times3 \qquad \times 5 = 2\times3^2\times5$$
$$\text{(최대공약수)} = 2\times3\times3 \qquad = 2\times3^2$$

개념 연결

약수 초등	어떤 수를 나누어떨어지게 하는 수를 그 수의 약수라고 한다.
최대공약수	어떤 수들의 공약수 중 가장 큰 수를 그 수들의 최대공약수라고 한다.
최소공배수 중1	어떤 수들의 공배수 중 가장 작은 수를 그 수들의 최소공배수라고 한다.

자료에서 가장 많이 나타난 값을 그 자료의 최빈값이라고 한다.

평균
중1

전체를 고르게 만든 값을 평균이라고 한다.

중앙값
중1

변량을 작은 값부터 크기순으로 나열했을 때 자료의 중앙에 위치한 값을 그 자료의 중앙값이라고 한다.

최빈값

자료에서 가장 많이 나타난 값을 그 자료의 최빈값이라고 한다.

초등

둘 또는 셋 이상인 수의 배수 중 공통인 배수를 공배수라 하고, 공배수 중에서 가장 작은 수를 그 수들의 최소공배수라고 한다.

중1

최소공배수는 소인수분해했을 때, 공통인 소인수의 거듭제곱에서 지수가 같으면 그대로, 다르면 큰 것을 택하고, 공통이 아닌 소인수는 모두 택하여 곱하여 구한다.

$$
\begin{array}{r|rr}
2 & 54 & 90 \\
\hline
3 & 27 & 45 \\
\hline
3 & 9 & 15 \\
\hline
 & 3 & 5
\end{array}
$$

➡ $2 \times 3 \times 3 \times 3 \times 5 = 270$

↑ 최소공배수

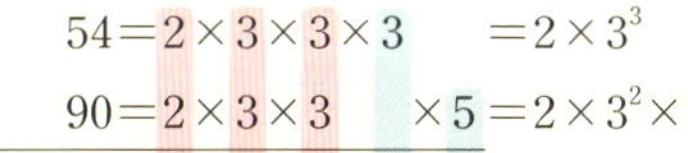

$$54 = 2 \times 3 \times 3 \times 3 \qquad = 2 \times 3^3$$
$$90 = 2 \times 3 \times 3 \quad \times 5 = 2 \times 3^2 \times 5$$
$$\text{(최소공배수)} = 2 \times 3 \times 3 \times 3 \times 5 = 2 \times 3^3 \times 5$$

개념 연결

배수 초등

어떤 수를 1배, 2배, 3배, … 한 수를 그 수의 배수라고 한다.

최대공약수 중1

어떤 수들의 공약수 중 가장 큰 수를 그 수들의 최대공약수라고 한다.

최소공배수

어떤 수들의 공배수 중 가장 작은 수를 그 수들의 최소공배수라고 한다.

표본에서 얻은 자료를 이용하여 모평균과 같은 모집단의 참값을 추측하는 것을 추정이라 한다.

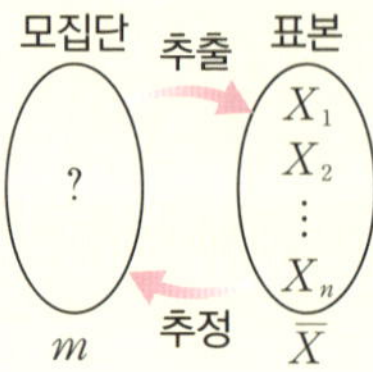

표본 [확률과 통계]

모집단에서 뽑은 일부분을 표본이라고 한다.

모평균 [확률과 통계]

모집단에서 조사하고자 하는 특성을 나타내는 확률변수를 X라고 할 때, X의 평균을 모평균이라 한다.

추정

표본에서 얻은 자료를 이용하여 모평균과 같은 모집단의 참값을 추측하는 것을 추정이라 한다.

명제 $p \longrightarrow q$가 참일 때, 기호로 $p \Longrightarrow q$와 같이 나타낸다.

이때 p는 q이기 위한 충분조건, q는 p이기 위한 필요조건이라고 한다.

p는 q이기 위한 충분조건

$$p \Longrightarrow q$$

q는 p이기 위한 필요조건

개념 연결

필요조건

명제 $p \longrightarrow q$가 참일 때, 이것을 기호로 $p \Longrightarrow q$와 같이 나타낸다. 이때 q는 p이기 위한 필요조건이라 한다.

충분조건

명제 $p \longrightarrow q$가 참일 때, 이것을 기호로 $p \Longrightarrow q$와 같이 나타낸다. 이때 p는 q이기 위한 충분조건이라 한다.

필요충분조건 공통수학2

$p \Longrightarrow q$이고 $q \Longrightarrow p$일 때 p는 q이기 위한 필요충분조건이라 한다. q는 p이기 위한 필요충분조건이라고도 한다.

복소수 $a+bi$ (a, b는 실수)에서 허수부분의 부호를 바꾼 복소수 $a-bi$를 복소수 $a+bi$의 **켤레복소수**라 하고, 기호로 $\overline{a+bi}$와 같이 나타낸다. 즉, $\overline{a+bi}=a-bi$ 이다.

$$\overline{a+bi}=a-bi$$

켤레복소수

허수단위 〔공통수학1〕	제곱하여 -1이 되는 새로운 수 i를 허수단위라고 한다. 즉, $i=\sqrt{-1}$이고 $i^2=-1$이다.
복소수 〔공통수학1〕	임의의 두 실수 a, b에 대하여 $a+bi$의 꼴로 나타내어지는 수를 복소수라고 한다.
켤레복소수	복소수 $a+bi$ (a, b는 실수)에서 허수부분의 부호를 바꾼 복소수 $a-bi$를 복소수 $a+bi$의 켤레복소수라 한다.

삼각형 ABC에서 삼각형의 세 변의 길이와 세 각의 크기 사이에는 다음과 같은 관계가 성립한다.

$$a^2 = b^2 + c^2 - 2bc \cos A, \quad \cos A = \frac{b^2 + c^2 - a^2}{2bc}$$

$$b^2 = c^2 + a^2 - 2ca \cos B, \quad \cos B = \frac{a^2 + c^2 - 2ac}{2ac}$$

$$c^2 = a^2 + b^2 - 2ab \cos C, \quad \cos C = \frac{a^2 + b^2 - c^2}{2ab}$$

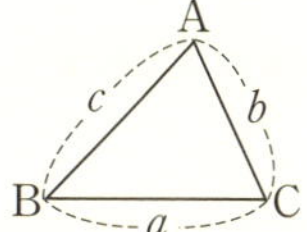

이를 코사인법칙이라고 한다.

외심, 외접원 중2	삼각형의 세 변의 수직이등분선은 한 점에서 만난다. 이 점을 외심이라고 한다. 외심을 중심으로 삼각형의 세 꼭짓점을 모두 지나는 원을 외접원이라고 한다.
사인법칙 대수	삼각형 ABC에서 외접원의 반지름의 길이를 R이라고 하면 $$\frac{a}{\sin A} = \frac{b}{\sin B} = \frac{c}{\sin C} = 2R$$
코사인법칙	삼각형 ABC에서 $$a^2 = b^2 + c^2 - 2bc \cos A$$ $$b^2 = c^2 + a^2 - 2ca \cos B$$ $$c^2 = a^2 + b^2 - 2ab \cos C$$

그림과 같이 각 θ를 나타내는 동경과 단위원의 교점을 $P(x,\ y)$라고 하면 $\cos\theta=\dfrac{x}{1}=x$이다.

따라서 점 P가 원 $x^2+y^2=1$ 위를 움직일 때 $\cos\theta$의 값은 점 P의 x좌표로 정해진다.

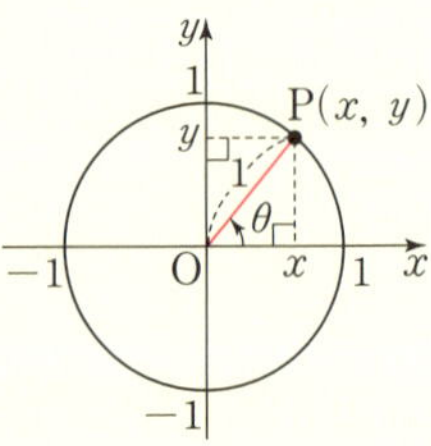

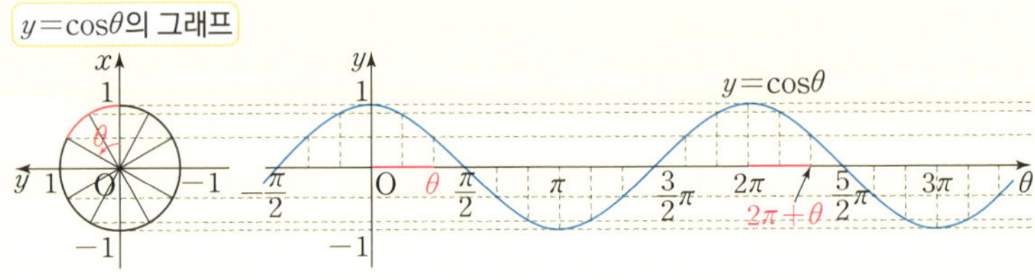

$y=\cos\theta$의 그래프

개념 연결

삼각함수 대수

그림에서

$$\sin\theta=\frac{y}{r},\ \cos\theta=\frac{x}{r},\ \tan\theta=\frac{y}{x}$$

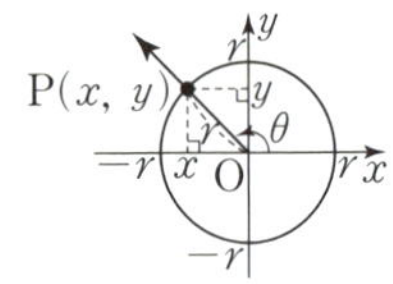

사인함수 대수

점 P가 원점을 중심으로 하는 단위원 위를 움직일 때, 각의 크기 θ를 정의역으로 하는 함수 $y=\sin\theta$를 사인함수라 한다.

코사인함수

점 P가 원점을 중심으로 하는 단위원 위를 움직일 때, 각의 크기 θ를 정의역으로 하는 함수 $y=\cos\theta$를 코사인함수라 한다.

상대도수와 수학적 확률 사이에는 다음과 같은 큰 수의 법칙이 성립한다.

n번의 독립시행에서 사건 A가 일어나는 횟수를 확률변수 X라 하고, 한 번의 시행에서 사건 A가 일어날 수학적 확률을 p라고 하면 상대도수 $\dfrac{X}{n}$는 n이 한없이 커질수록 p에 가까워진다.

큰 수의 법칙에 의하여 시행 횟수가 충분히 클 때 상대도수, 즉 통계적 확률은 수학적 확률에 가까워진다.

개념 연결

수학적 확률 [확률과 통계]	어떤 시행에서 표본공간 S의 각 근원사건이 일어날 가능성이 모두 같은 정도로 기대될 때, 사건 A가 일어날 수학적 확률은 $$\mathrm{P}(A)=\frac{n(A)}{n(S)}$$ 이다.
통계적 확률 [확률과 통계]	어떤 시행을 n번 반복하여 사건 A가 일어난 횟수를 r_n이라고 할 때, n을 한없이 크게 함에 따라 상대도수 $\dfrac{r_n}{n}$이 일정한 값 p에 가까워지면 p를 사건 A의 통계적 확률이라고 한다.
큰 수의 법칙	큰 수의 법칙에 의하여 시행 횟수가 충분히 클 때 상대도수, 즉 통계적 확률은 수학적 확률에 가까워진다.

각 θ가 $\theta \neq n\pi + \dfrac{\pi}{2}$ (n은 정수)일 때, 오른쪽 그림과 같이 각 θ를 나타내는 동경과 단위원의 교점을 $P(x, y)$라 하고, 단위원 위의 점 $A(1, 0)$에서 접하는 접선이 동경 OP 또는 그 연장선과 만나는 점을 $T(1, t)$라고 하면 $\tan\theta = \dfrac{y}{x} = \dfrac{t}{1} = t\ (x \neq 0)$이다.

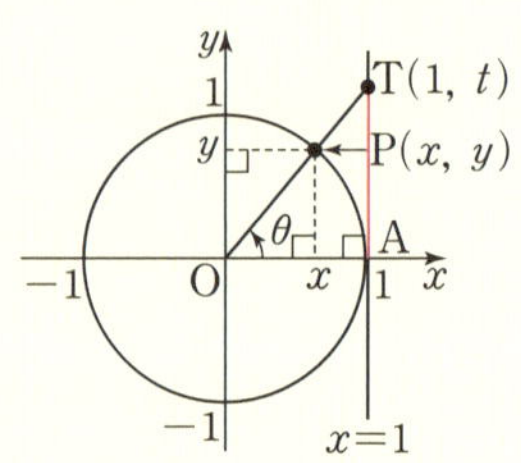

따라서 $\tan\theta$의 값은 점 T의 y좌표로 정해진다.

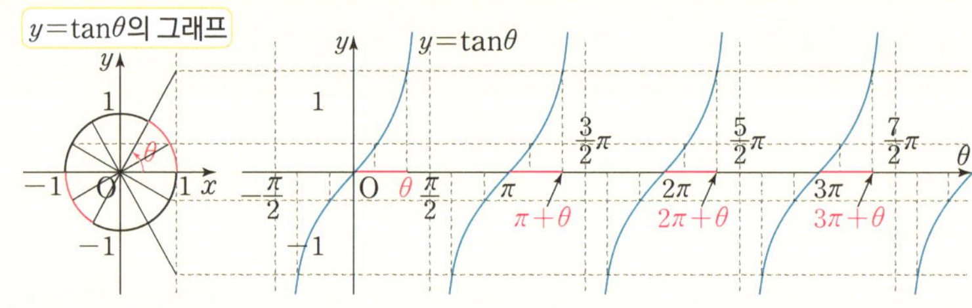

$y = \tan\theta$의 그래프

사인함수 　대수

점 P가 원점을 중심으로 하는 단위원 위를 움직일 때, 각의 크기 θ를 정의역으로 하는 함수 $y = \sin\theta$를 사인함수라 한다.

코사인함수 　대수

점 P가 원점을 중심으로 하는 단위원 위를 움직일 때, 각의 크기 θ를 정의역으로 하는 함수 $y = \cos\theta$를 코사인함수라 한다.

탄젠트함수

점 P가 원점을 중심으로 하는 단위원 위를 움직일 때, 각의 크기 θ를 정의역으로 하는 함수 $y = \tan\theta$를 탄젠트함수라 한다.

그림과 같은 수의 배열은 $n=1,\ 2,\ 3,\ \cdots$일 때 $(a+b)^n$의 전개식에서 각 항의 이항계수를 삼각형 모양으로 차례로 배열한 것이다.

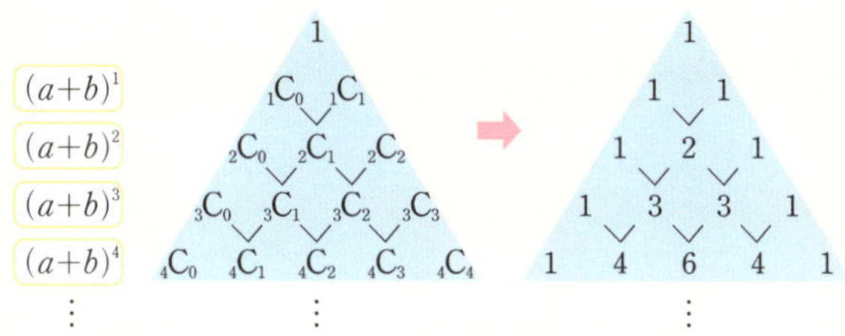

이와 같은 이항계수의 배열을 파스칼의 삼각형이라고 한다.

이때 각 수는 그 수의 왼쪽 위와 오른쪽 위에 있는 두 수의 합과 같으므로 일반적으로 $_n C_r = {}_{n-1}C_{r-1} + {}_{n-1}C_r\,(1 \le r < n)$이 성립한다. 또 각 행에서 배열은 좌우 대칭이므로 $_n C_r = {}_n C_{n-r}\,(0 \le r \le n)$임을 알 수 있다.

개념 연결

이항정리 [확률과 통계]

$(a+b)^n$의 전개식
$$(a+b)^n = \sum_{r=0}^{n} {}_n C_r\, a^{n-r} b^r$$
을 이항정리라고 한다.

이항계수 [확률과 통계]

$(a+b)^n$의 전개식에서 각 항의 계수
$${}_n C_0,\ {}_n C_1,\ \cdots,\ {}_n C_n$$
을 이항계수라고 한다.

파스칼의 삼각형

$(a+b)^n$의 전개식에서 각 항의 이항계수를 삼각형 모양으로 차례로 배열한 것을 파스칼의 삼각형이라 한다.

계수가 실수인 이차방정식 $ax^2+bx+c=0$의 근 $x=\dfrac{-b\pm\sqrt{b^2-4ac}}{2a}$는 근호 안

의 식 b^2-4ac의 값의 부호에 따라 이차방정식의 근을 판별할 수 있으므로

b^2-4ac를 이차방정식 $ax^2+bx+c=0$의 판별식이라 하고, 기호 D로 나타낸다.

즉,

$D=b^2-4ac$이다.

① $D>0$이면 서로 다른 두 실근을 갖는다.

② $D=0$이면 중근(서로 같은 두 실근)을 갖는다.

③ $D<0$이면 서로 다른 두 허근을 갖는다.

이차방정식의 근 공통수학1	이차방정식 $ax^2+bx+c=0$의 근은 $$x=\dfrac{-b\pm\sqrt{b^2-4ac}}{2a}$$ 이다.
실근, 허근 공통수학1	방정식의 근 중 실수인 근을 실근, 허수인 근을 허근이라 한다.
판별식	계수가 실수인 이차방정식 $ax^2+bx+c=0$에서 b^2-4ac를 이 방정식의 판별식이라 한다.

∠AOB의 두 변 OA와 OB가 한 직선을 이루면서 점 O를 중심으로 서로 반대쪽에 있을 때, 즉 ∠AOB＝180°일 때, ∠AOB를 평각이라고 한다.

크기가 평각의 $\dfrac{1}{2}$인 각, 즉 크기가 90°인 각을 **직각**이라고 한다.

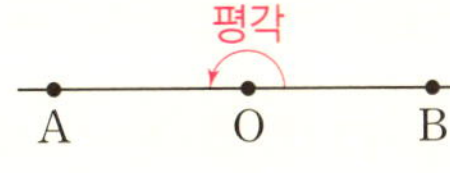

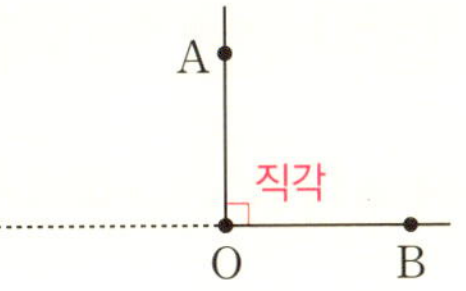

개념 연결

반직선 초등

한 점 A에서 시작하여 점 B쪽으로 한없이 곧게 뻗은 선을 반직선 AB라고 한다.

각 초등

한 점 O에서 시작하는 두 반직선 OA, OB로 이루어진 도형을 각 AOB라 한다.

평각

∠AOB의 두 변 OA와 OB가 한 직선을 이루면서 점 O를 중심으로 서로 반대쪽에 있을 때, 즉 ∠AOB＝180°일 때, ∠AOB를 평각이라고 한다.

함수 $f(x)$가 닫힌구간 $[a, b]$에서 연속이고 열린구간 (a, b)에서 미분가능할 때, $\dfrac{f(b)-f(a)}{b-a}=f'(c)$인 c가 열린구간 (a, b)에 적어도 하나 존재한다. 이를 평균값 정리라고 한다.

평균값 정리는 열린구간에서 직선에 평행하는 접선을 갖는 점이 곡선 위에 적어도 하나 존재함을 뜻한다.

평균값 정리에서 $f(a)=f(b)$인 경우가 롤의 정리이다.

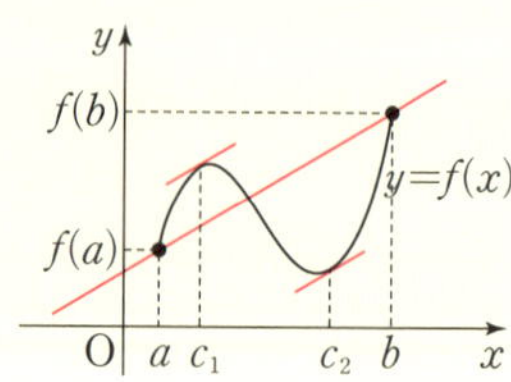

개념 연결

사잇값 정리 [미적분 I]

함수 $f(x)$가 구간 $[a, b]$에서 연속이고 $f(a) \neq f(b)$이면 $f(a)$와 $f(b)$ 사이의 임의의 실수 k에 대하여 $f(c)=k$인 c가 구간 (a, b)에 적어도 하나 존재한다.

롤의 정리 [미적분 I]

함수 $f(x)$가 구간 $[a, b]$에서 연속이고 구간 (a, b)에서 미분가능할 때, $f(a)=f(b)$이면 $f'(c)=0$인 c가 구간 (a, b)에 적어도 하나 존재한다.

평균값 정리

함수 $f(x)$가 구간 $[a, b]$에서 연속이고 구간 (a, b)에서 미분가능할 때, $\dfrac{f(b)-f(a)}{b-a}=f'(c)$인 c가 구간 (a, b)에 적어도 하나 존재한다.

함수 $y=f(x)$에서 x의 값이 a에서 b까지 변할 때, y의 값은 $f(a)$에서 $f(b)$까지 변한다. 이때 x의 값의 변화량 $b-a$를 x의 증분, y의 값의 변화량 $f(b)-f(a)$를 y의 증분이라 하고, 기호로 각각 Δx, Δy와 같이 나타낸다.

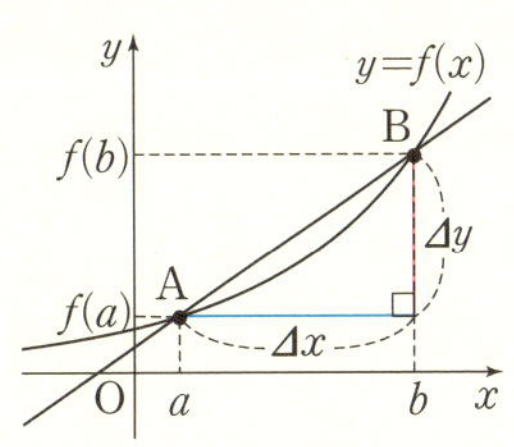

즉, $\Delta x=b-a$, $\Delta y=f(b)-f(a)=f(a+\Delta x)-f(a)$이다.

또 x의 증분 Δx에 대한 y의 증분 Δy의 비율

$$\frac{\Delta y}{\Delta x}=\frac{f(b)-f(a)}{b-a}=\frac{f(a+\Delta x)-f(a)}{\Delta x}$$를 x의 값이 a에서 b까지 변할 때, 함수 $y=f(x)$의 평균변화율이라고 한다.

개념 연결

평균변화율

함수 $y=f(x)$에서 $\dfrac{\Delta y}{\Delta x}=\dfrac{f(b)-f(a)}{b-a}=\dfrac{f(a+\Delta x)-f(a)}{\Delta x}$를 x의 값이 a에서 b까지 변할 때의 함수 $y=f(x)$의 평균변화율이라 한다.

미분가능 미적분 I

함수 $y=f(x)$에서 x의 값이 a에서 $a+\Delta x$까지 변할 때 평균변화율 $\dfrac{\Delta y}{\Delta x}=\dfrac{f(a+\Delta x)-f(a)}{\Delta x}$의 $\Delta x \to 0$일 때 극한값이 존재하면 $y=f(x)$는 $x=a$에서 미분가능하다고 한다.

미분계수 미적분 I

함수 $y=f(x)$에서 x의 값이 a에서 $a+\Delta x$까지 변할 때의 평균변화율의 극한값 $\displaystyle\lim_{\Delta x \to 0}\dfrac{f(a+\Delta x)-f(a)}{\Delta x}$를 미분계수 $f'(a)$라 한다.

217 평행 초등 중1

한 평면 위에 있는 두 직선

한 평면 위에 있는 두 직선 l, m이 서로 만나지 않을 때, 두 직선 l, m은 서로 평행하다고 하고, 이것을 기호로 $l /\!/ m$과 같이 나타낸다. 이때 평행한 두 직선을 평행선이라고 한다.

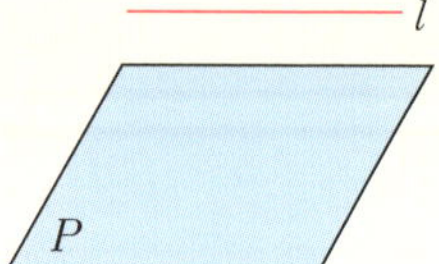

공간에서 직선과 평면

직선 l과 평면 P가 서로 만나지 않을 때, 직선 l과 평면 P는 서로 평행하다고 하고, 이것을 기호로 $l /\!/ P$와 같이 나타낸다.

개념 연결

| 평행 | 평면 위에서 서로 만나지 않는 두 직선을 평행하다고 한다. |

| 꼬인 위치 중1 | 공간에서 두 직선이 서로 만나지도 않고 평행하지도 않은 경우 두 직선은 꼬인 위치에 있다고 한다. |

| 직선과 평면의 평행 | 공간에서 직선 l과 평면 P가 만나지 않을 때, 직선 l과 평면 P는 평행하다고 한다. |

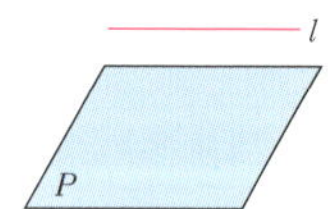

두 쌍의 대변이 각각 평행한 사각형을 평행사변형이라고 한다.

평행사변형의 성질

평행사변형에서

① 두 쌍의 대변의 길이는 각각 같다.

② 두 쌍의 대각의 크기는 각각 같다.

③ 두 대각선은 서로 다른 것을 이등분한다.

평행사변형

두 쌍의 대변이 각각 평행한 사각형을 평행사변형이라고 한다. 평행사변형의 두 대각선은 서로 다른 것을 이등분한다.

직사각형 중2

네 각의 크기가 모두 같은 사각형을 직사각형이라 한다.
직사각형의 두 대각선은 길이가 같고 서로 다른 것을 이등분한다.

마름모 중2

네 변의 길이가 모두 같은 사각형을 마름모라고 한다.
마름모의 두 대각선은 서로 다른 것을 수직이등분한다.

어떤 시행에서 일어날 수 있는 모든 결과의 집합을 **표본공간**이라 하고, 표본공간의 부분집합을 **사건**이라고 한다. 또 원소 한 개로 이루어진 사건을 **근원사건**이라고 한다. 일반적으로 표본공간은 S로, 사건은 A, B, C, $\cdots$로 나타낸다.

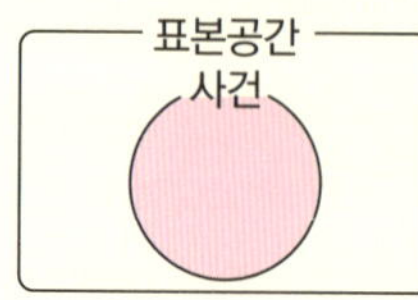

개념 연결

표본공간

어떤 시행에서 일어날 수 있는 모든 결과의 집합을 표본공간이라고 한다.

근원사건
확률과 통계

표본공간의 원소 한 개로 이루어진 사건을 근원사건이라고 한다.

확률
확률과 통계

어떤 시행에서 표본공간 S의 각 근원사건이 일어날 가능성이 모두 같은 정도로 기대될 때, 사건 A가 일어날 확률 $P(A)$를

$$P(A) = \frac{n(A)}{n(S)}$$

로 정의한다.

어떤 모집단에서 크기가 n인 표본 X_1, X_2, $\cdots$, X_n을 임의추출할 때, 이들의 평균, 분산, 표준편차를 각각 표본평균, 표본분산, 표본표준편차라 하고, 각각 기호로 $\overline{X}$, S^2, S와 같이 나타낸다.

이때 $\overline{X}$, S^2은 다음과 같이 정의한다.

$$\overline{X}=\frac{1}{n}(X_1+X_2+\cdots+X_n)$$

$$S^2=\frac{1}{n-1}\{(X_1-\overline{X})^2+(X_2-\overline{X})^2+\cdots+(X_n-\overline{X})^2\}$$

모집단에서 임의추출한 표본 중 어떤 특성을 갖는 사건의 비율을 표본비율이라 하고, 기호로 $\hat{p}$과 같이 나타낸다. 일반적으로 크기가 n인 표본에서 어떤 특성을 갖는 사건의 개수를 확률변수 X라고 하면 표본비율 $\hat{p}$은 $\hat{p}=\dfrac{X}{n}$이다.

모집단과 표본 확률과 통계	표본조사에서 조사의 대상이 되는 집단 전체를 모집단이라 하고, 모집단에서 뽑은 일부분을 표본이라고 한다.
표본평균	모집단에서 크기가 n인 표본 X_1, X_2, $\cdots$, X_n을 임의추출할 때, 이들의 평균을 표본평균이라고 한다.
표본비율	모집단에서 임의추출한 표본 중 어떤 특성을 갖는 사건의 비율을 표본비율이라 한다.

평균이 0이고 분산이 1인 정규분포 $N(0, 1)$을 표준정규분포라고 한다. 확률변수 Z가 표준정규분포 $N(0, 1)$을 따를 때, 확률밀도함수 $f(z)$는

$$f(z) = \frac{1}{\sqrt{2\pi}} e^{-\frac{z^2}{2}} \ (z\text{는 모든 실수})\text{이다.}$$

확률변수 X가 정규분포 $N(m, \sigma^2)$을 따를 때, 확률변수 Z를 $Z = \dfrac{X-m}{\sigma}$이라고 하면 확률변수 Z는 표준정규분포를 따른다.

확률분포 [확률과 통계]	확률변수 X가 갖는 값과 X가 이 값을 가질 확률의 대응 관계를 X의 확률분포라고 한다.
정규분포 [확률과 통계]	실수 전체의 집합에서 정의된 연속확률변수 X의 확률밀도함수가 $\dfrac{1}{\sqrt{2\pi}\,\sigma} e^{-\frac{(x-m)^2}{2\sigma^2}}$ 일 때, X의 확률분포를 정규분포라고 한다.
표준정규분포	평균이 0이고 분산이 1인 정규분포 $N(0, 1)$을 표준정규분포라고 한다.

직각삼각형에서 직각을 낀 두 변의 길이의 제곱의 합은 빗변의 길이의 제곱과 같다. 이와 같은 성질을 피타고라스 정리라고 한다.

피타고라스 정리

직각삼각형 ABC에서 직각을 낀 두 변의 길이를 각각 a, b라 하고, 빗변의 길이를 c라 하면

$$a^2+b^2=c^2$$

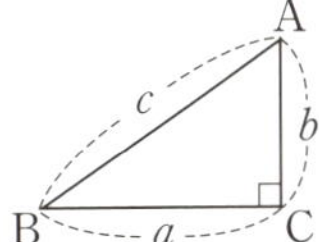

직각삼각형 초등	한 각이 직각인 삼각형을 직각삼각형이라고 한다.

피타고라스 정리	직각삼각형에서 직각을 낀 두 변의 길이를 a, b, 빗변의 길이를 c라 하면 $a^2+b^2=c^2$

두 점 사이의 거리 공통수학2	좌표평면 위의 두 점 $A(x_1, y_1)$, $B(x_2, y_2)$ 사이의 거리는 $\sqrt{(x_2-x_1)^2+(y_2-y_1)^2}$

$p \Longrightarrow q$이고 $q \Longrightarrow p$일 때, p는 q이기 위한 충분조건인 동시에 필요조건이다. 이것을 p는 q이기 위한 필요충분조건이라 하고, 기호로 $p \Longleftrightarrow q$와 같이 나타낸다. 이때 q도 p이기 위한 필요충분조건이다.

필요조건 공통수학2	명제 $p \longrightarrow q$가 참일 때, 이것을 기호로 $p \Longrightarrow q$와 같이 나타낸다. 이때 q는 p이기 위한 필요조건이라 한다.
충분조건 공통수학2	명제 $p \longrightarrow q$가 참일 때, 이것을 기호로 $p \Longrightarrow q$와 같이 나타낸다. 이때 p는 q이기 위한 충분조건이라 한다.
필요충분조건	$p \Longrightarrow q$이고 $q \Longrightarrow p$일 때 p는 q이기 위한 필요충분조건이라 한다. q는 p이기 위한 필요충분조건이라고도 한다.

중2

여러 가지 값을 갖는 문자를 변수라고 한다. 두 변수 x, y에 대하여 x의 값이 변함에 따라 y의 값이 하나씩 정해지는 대응 관계가 성립할 때, y를 x의 함수라 하고, 이것을 기호로 $y=f(x)$와 같이 나타낸다.

공통수학2

공집합이 아닌 두 집합 X, Y에 대하여 X의 각 원소에 Y의 원소가 오직 하나씩 대응할 때, 이 대응을 집합 X에서 집합 Y로의 함수라 하고, 이 함수 f를 기호로 $f : X \longrightarrow Y$와 같이 나타낸다.

이때 집합 X를 함수 f의 정의역, 집합 Y를 함수 f의 공역이라고 한다.

| 함수 | 두 변수 x, y에 대하여 x의 값이 변함에 따라 y의 값이 하나씩 정해지는 두 양 사이의 대응 관계가 있을 때, y를 x에 대한 함수라 한다. |

| 함수 | 두 집합 X, Y에 대하여 X의 각 원소에 Y의 원소가 오직 하나씩 대응할 때, 이 대응을 X에서의 Y로의 함수라고 한다. |

일대일대응 

함수 $f : X \longrightarrow Y$에서 두 조건
(i) 일대일함수이다.
(ii) 치역과 공역이 같다.
를 모두 만족시킬 때, 함수 f를 일대일대응이라고 한다.

225 함수의 그래프 공통수학2

함수 $f : X \longrightarrow Y$에서 정의역 X의 원소 x와 이에 대응하는 함숫값 $f(x)$의 순서쌍 $(x, f(x))$ 전체의 집합 $\{(x, f(x)) \,|\, x \in X\}$를 함수 f의 그래프라고 한다.

함수 $y=f(x)$의 정의역과 공역이 실수 전체의 부분집합일 때, 함수의 그래프는 순서쌍 $(x, f(x))$를 좌표로 하는 점을 좌표평면 위에 나타내어 그릴 수 있다.

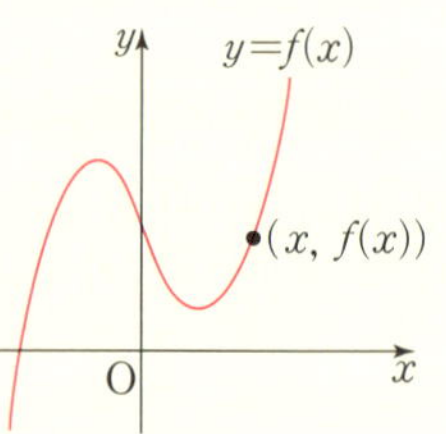

개념 연결

좌표 중1
좌표평면 위의 한 점 P에서 x축, y축에 내린 수선이 축과 만나는 점에 대응하는 수를 각각 a, b라고 할 때, 순서쌍 (a, b)를 점 P의 좌표라 한다.

함수 공통수학2
두 집합 X, Y에 대하여 X의 각 원소에 Y의 원소가 오직 하나씩 대응할 때, 이 대응을 X에서의 Y로의 함수라고 한다.

함수의 그래프
함수 $f : X \longrightarrow Y$에서 정의역 X의 각 원소 x와 이에 대응하는 함숫값 $f(x)$의 순서쌍 $(x, f(x))$ 전체의 집합 $\{(x, f(x)) \,|\, x \in X\}$를 함수 f의 그래프라고 한다.

함수 $f : X \longrightarrow Y$에 의하여 정의역 X의 원소 x에 공역 Y의 원소 y가 대응할 때, 기호로 $y = f(x)$와 같이 나타내고, $f(x)$를 x의 함숫값이라고 한다. 또 함수 f의 함숫값 전체의 집합 $\{f(x) | x \in X\}$를 함수 f의 치역이라고 한다.

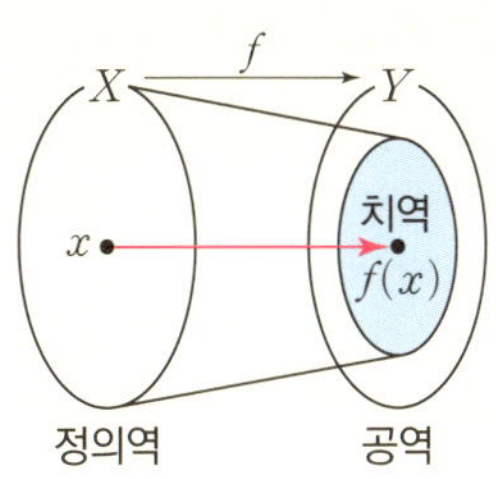

함수 〔공통수학2〕
두 집합 X, Y에 대하여 X의 각 원소에 Y의 원소가 오직 하나씩 대응할 때, 이 대응을 X에서의 Y로의 함수라고 한다.

정의역, 공역 〔공통수학2〕
함수 $f : X \longrightarrow Y$에서 집합 X를 함수 f의 정의역, 집합 Y를 함수 f의 공역이라고 한다.

치역
함수 f의 함숫값 전체의 집합 $\{f(x) | x \in X\}$를 함수 f의 치역이라고 한다.

모양과 크기가 같아서 포개었을 때 완전히 겹치는 두 도형을 서로 합동이라고 한다. 이때 겹치는 점을 **대응점**, 겹치는 변을 **대응변**, 겹치는 각을 **대응각**이라고 한다.

△ABC와 △DEF가 서로 합동일 때, 이것을 기호로

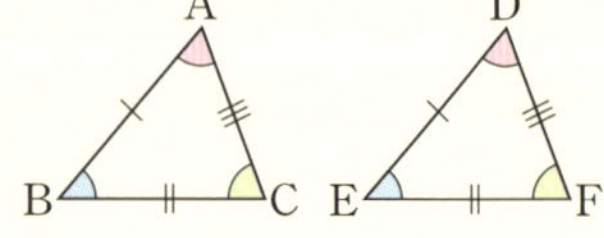

$$\triangle ABC \equiv \triangle DEF$$

와 같이 나타낸다. 이때 두 도형의 대응점의 순서를 맞추어 쓴다.

합동	모양과 크기가 같아서 포개었을 때 완전히 겹치는 두 도형을 서로 합동이라고 한다.

삼각형의 합동 조건 중1	두 삼각형은 다음의 각 경우에 서로 합동이다. ① 세 쌍의 대응변의 길이가 각각 같을 때 ② 두 쌍의 대응변의 길이가 각각 같고, 그 끼인각의 크기가 같을 때 ③ 한 쌍의 대응변의 길이가 같고, 그 양 끝 각의 크기가 각각 같을 때

삼각형의 닮음 조건 중2	두 삼각형은 다음의 각 경우에 서로 닮음이다. ① 세 쌍의 대응변의 길이의 비가 같을 때 ② 두 쌍의 대응변의 길이의 비가 같고, 그 끼인각의 크기가 같을 때 ③ 두 쌍의 대응각의 크기가 각각 같을 때

세 집합 X, Y, Z에 대하여 두 함수 f, g가 $f : X \longrightarrow Y$, $g : Y \longrightarrow Z$일 때, X의 임의의 원소 x에 함숫값 $f(x)$를 대응시키고, 다시 이 $f(x)$에 $g(f(x))$를 대응시킨 함수를 함수 f와 g의 합성함수라 하고, 기호로 $g \circ f$와 같이 나타낸다. 합성함수 $g \circ f : X \longrightarrow Z$에서 x의 함숫값을 기호로 $(g \circ f)(x) = g(f(x))$와 같이 나타낸다.

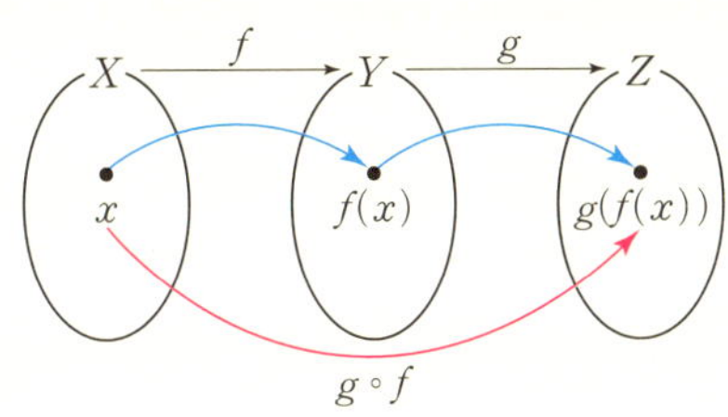

함수 공통수학2	두 집합 X, Y에 대하여 X의 각 원소에 Y의 원소가 오직 하나씩 대응할 때, 이 대응을 X에서의 Y로의 함수라고 한다.
합성함수	두 함수 $f : X \longrightarrow Y$, $g : Y \longrightarrow Z$가 주어질 때, 집합 X의 각 원소 x에 집합 Z의 원소 $g(f(x))$를 대응시키는 함수를 f와 g의 합성함수라 하고, 이것을 기호로 $g \circ f$와 같이 나타낸다.
역함수 공통수학2	함수 $f : X \longrightarrow Y$에서 Y의 각 원소 y에 대하여 $f(x) = y$인 X의 원소 x를 대응시켜 Y를 정의역으로 하고 X를 공역으로 하는 새로운 함수를 f의 역함수 f^{-1}라 한다.

229 합의 법칙, 곱의 법칙 <공통수학1>

두 사건 A, B가 동시에 일어나지 않을 때, 사건 A가 일어나는 경우의 수가 m, 사건 B가 일어나는 경우의 수가 n이면 사건 A 또는 사건 B가 일어나는 경우의 수는 $m+n$이다. 이를 합의 법칙이라 한다.

사건 A가 일어나는 경우의 수가 m이고, 그 각각에 대하여 사건 B가 일어나는 경우의 수가 n일 때, 두 사건 A, B가 동시에 일어나는 경우의 수는 $m \times n$이다. 이를 곱의 법칙이라 한다.

경우의 수 (중2)

사건이 일어나는 가짓수를 그 사건의 경우의 수라고 한다.

합의 법칙

동시에 일어나지 않는 두 사건 A, B가 일어나는 경우의 수가 각각 m, n일 때, 사건 A 또는 사건 B가 일어나는 경우의 수는 $m+n$이다.

곱의 법칙

사건 A가 일어나는 경우의 수가 m이고, 그 각각에 대하여 사건 B가 일어나는 경우의 수가 n일 때, 두 사건 A, B가 동시에 일어나는 경우의 수는 $m \times n$이다.

두 집합 A, B에 대하여 A에 속하거나 B에 속하는 모든 원소로 이루어진 집합을 A와 B의 합집합이라 하고, 기호로 $A \cup B$와 같이 나타낸다. 두 집합 A와 B의 합집합을 조건제시법으로 나타내면 다음과 같다.

$$A \cup B = \{x \mid x \in A \text{ 또는 } x \in B\}$$

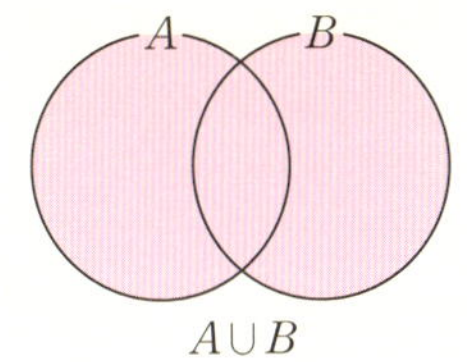

합집합	두 집합 A, B에 대하여 A에 속하거나 B에 속하는 모든 원소로 이루어진 집합을 A와 B의 합집합이라 한다.
교집합 〔공통수학2〕	두 집합 A, B에 대하여 A에도 속하고 B에도 속하는 모든 원소로 이루어진 집합을 A와 B의 교집합이라 한다.
여집합 〔공통수학2〕	전체집합 U의 부분집합 A에 대하여 U의 원소 중에서 A에 속하지 않는 모든 원소로 이루어진 집합을 U에 대한 A의 여집합이라 한다.

모든 x의 값에 대하여 항상 참이 되는 등식을 x에 대한 항등식이라고 한다. 항등식임을 확인할 때는 좌변과 우변을 각각 정리하여 양변이 같은 식인지 확인한다. 항등식의 뜻과 성질을 이용하여 등식에서 미지의 계수를 정하는 방법을 **미정계수법**이라고 한다.

등식 중1
등호를 사용하여 수량 사이의 관계를 나타낸 식을 등식이라고 한다.

방정식 중1
x의 값에 따라 참이 되기도 하고 거짓이 되기도 하는 등식을 x에 대한 방정식이라고 한다.

항등식
미지수 x가 어떤 값을 갖더라도 항상 참이 되는 등식을 x에 대한 항등식이라고 한다.

함수 $f : X \longrightarrow X$는 정의역과 공역이 같고, 정의역 X의 각 원소에 자기 자신이 대응한다. 이와 같이 함수 $f : X \longrightarrow X$에서 정의역 X의 각 원소 x에 대하여 $f(x)=x$일 때, 함수 f를 집합 X에서의 항등함수라고 한다.

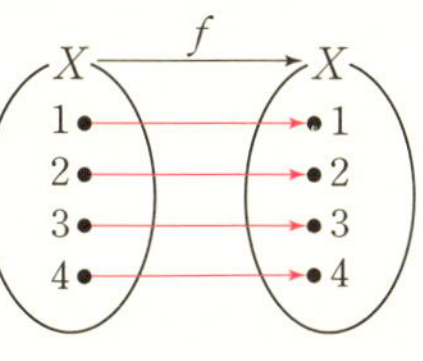

개념 연결

함수
공통수학2

두 집합 X, Y에 대하여 X의 각 원소에 Y의 원소가 오직 하나씩 대응할 때, 이 대응을 X에서의 Y로의 함수라고 한다.

항등함수

함수 $f : X \longrightarrow Y$에서 정의역 X의 각 원소 x에 그 자신 x가 대응할 때, 즉 $f(x)=x$일 때, 함수 f를 집합 X에서의 항등함수라고 한다.

상수함수
공통수학2

함수 $f : X \longrightarrow Y$에서 정의역 X의 모든 원소 x에 대하여 공역 Y의 오직 한 원소가 대응할 때, 즉 $f(x)=c$ (c는 상수)일 때, 함수 f를 상수함수라고 한다.

여러 개의 수 또는 문자를 직사각형 모양으로 배열하여 괄호로 묶어 놓은 것을 **행렬**이라 하고, 행렬을 구성하고 있는 각각의 수 또는 문자를 그 행렬의 성분이라고 하며 행렬 A에서 제i행과 제j열이 만나는 위치에 있는 성분을 행렬 A의 (i, j) 성분이라 하고, 기호로 a_{ij}와 같이 나타낸다.

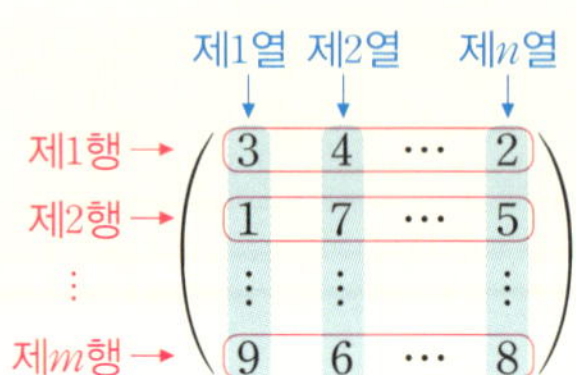

| 행렬 | 몇 개의 수 또는 문자를 직사각형 모양으로 배열하여 괄호로 묶어 나타낸 것을 행렬이라고 한다. | $\begin{array}{l} \text{제1행} \\ \text{제2행} \end{array} \left(\begin{array}{ccc} 1 & 15 & 35 \\ -2 & -6 & 18 \end{array}\right)$
 제1열 제2열 제3열 |

영행렬 공통수학1

행렬의 성분이 모두 0인 행렬을 영행렬이라고 한다. 예를 들어 $(0 \ \ 0), \begin{pmatrix} 0 \\ 0 \end{pmatrix}, \begin{pmatrix} 0 & 0 \\ 0 & 0 \end{pmatrix}$은 각각 1×2, 2×1, 2×2 행렬인 영행렬이다.

단위행렬 공통수학1

$\begin{pmatrix} 1 & 0 \\ 0 & 1 \end{pmatrix}, \begin{pmatrix} 1 & 0 & 0 \\ 0 & 1 & 0 \\ 0 & 0 & 1 \end{pmatrix}, \cdots$과 같이 왼쪽 위에서 오른쪽 아래로 내려가는 대각선 위의 성분이 모두 1이고, 그 외의 성분은 모두 0인 정사각행렬을 단위행렬이라 한다.

제곱하여 -1이 되는 수를 기호로 i와 같이 나타낸다. 즉, $i^2=-1$이다. 이때 i 를 허수단위라 하고, 제곱하여 -1이 된다는 뜻에서 $i=\sqrt{-1}$과 같이 나타낸다.

실수 중3	유리수와 무리수를 통틀어 실수라고 한다.
허수단위	제곱하여 -1이 되는 수 i를 허수단위라고 한다. 즉, $i^2=-1$이다.
복소수 공통수학1	임의의 두 실수 a, b에 대하여 $a+bi$의 꼴로 나타내어지는 수를 복소수라고 한다.

원 O 위에 두 점 A, B를 잡으면 원은 오른쪽 그림과 같이 두 부분으로 나누어지는데 이 두 부분을 각각 호라고 한다. 이때 양 끝점이 A, B인 호를 호 AB라 하고, 이것을 기호로 $\overgroup{AB}$와 같이 나타낸다. 또 원 위의 두 점을 지나는 직선을 할선, 원 위의 두 점을 이은 선분을 현이라 하고, 양 끝점이 A, B인 현을 현 AB라고 한다. 특히 원의 중심을 지나는 현은 그 원의 지름이다.

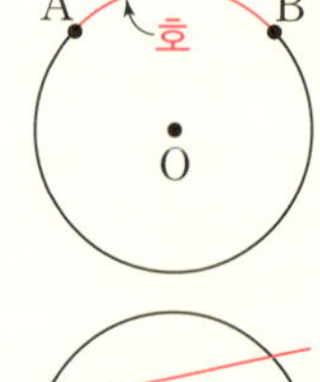

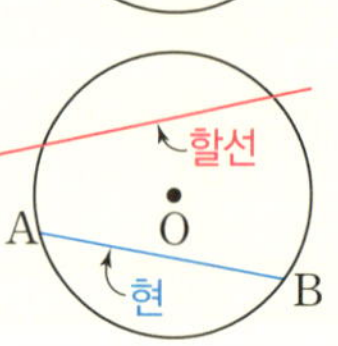

개념 연결

호	원 O 위에 두 점 A, B를 잡으면 원은 두 부분으로 나누어지는데 이 두 부분을 각각 호라고 한다. 이때 양 끝 점이 A, B인 호를 호 AB라 하고, 이것을 기호로 $\overgroup{AB}$와 같이 나타낸다.

부채꼴 중1	원 O에서 두 반지름 OA, OB와 호 AB로 이루어진 도형을 부채꼴이라고 한다.

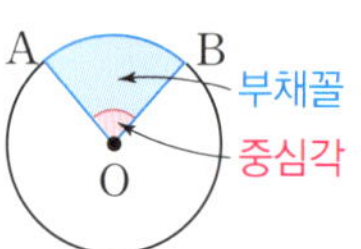

중심각 중1	부채꼴에서 두 반지름 OA, OB가 이루는 ∠AOB를 부채꼴 AOB의 중심각 또는 호 AB에 대한 중심각이라고 한다.

중2

어떤 실험이나 관찰에서 각 경우가 일어날 가능성이 같을 때, 일어날 수 있는 모든 경우의 수를 n, 사건 A가 일어나는 경우의 수를 a라고 하면

$$\frac{(\text{사건 } A \text{가 일어나는 경우의 수})}{(\text{모든 경우의 수})} = \frac{a}{n}$$

를 사건 A가 일어날 확률이라고 한다.

확률과 통계

어떤 시행의 표본공간 S가 유한개의 근원사건으로 이루어져 있고, 각 근원사건이 일어날 가능성이 모두 같을 때, 사건 A가 일어날 수학적 확률은

$$\mathrm{P}(A) = \frac{(\text{사건 } A \text{의 원소의 개수})}{(\text{표본공간 } S \text{의 원소의 개수})} = \frac{n(A)}{n(S)} \text{이다.}$$

개념 연결

확률

어떤 실험이나 관찰에서 각 경우가 일어날 가능성이 같을 때,
$$\frac{(\text{사건 } A \text{가 일어나는 경우의 수})}{(\text{모든 경우의 수})}$$
를 사건 A가 일어날 확률이라고 한다.

수학적 확률

어떤 시행에서 표본공간 S의 각 근원사건이 일어날 가능성이 모두 같은 정도로 기대될 때, 사건 A가 일어날 수학적 확률은
$$\mathrm{P}(A) = \frac{n(A)}{n(S)} \text{이다.}$$

통계적 확률
확률과 통계

어떤 시행을 n번 반복하여 사건 A가 일어난 횟수를 r_n이라고 할 때, n을 한없이 크게 함에 따라 상대도수 $\dfrac{r_n}{n}$이 일정한 값 p에 가까워지면 p를 사건 A의 통계적 확률이라고 한다.

확률변수 X가 연속확률변수일 때 조사 대상 수를 늘리고 계급의 크기를 더욱 작게 하여 $\dfrac{(상대도수)}{(계급의 크기)}$를 구하여 도수분포다각형을 그리면 점점 곡선에 가까워지며 이 곡선은 항상 x축보다 위에 있고, 이 곡선과 x축으로 둘러싸인 부분의 넓이는 1이다. 이와 같은 곡선을 그래프로 가지는 함수 $f(x)$를 연속확률변수 X의 확률밀도함수라고 한다.

이산확률변수 확률과 통계
확률변수가 가질 수 있는 값들이 유한개이거나 자연수와 같이 셀 수 있을 때, 이 확률변수를 이산확률변수라고 한다.

확률질량함수 확률과 통계
이산확률변수 X가 가질 수 있는 각 값 x_i에 확률 p_i가 대응되는 관계를 나타내는 함수를 이산확률변수 X의 확률질량함수라고 한다.

확률밀도함수
연속확률변수 X에서 항상 x축보다 위에 있는 곡선 $f(x)$와 x축으로 둘러싸인 부분의 넓이는 1이고 $\mathrm{P}(a \le x \le b) = \displaystyle\int_a^b f(x)\,dx$를 만족할 때 함수 $f(x)$를 연속확률변수 X의 확률밀도함수라고 한다.

어떤 시행에서 표본공간의 각 원소에 단 하나의 실수를 대응시키는 관계를 확률변수라고 한다. 확률변수는 표본공간을 정의역으로 하고, 실수의 집합을 공역으로 하는 함수이다. 그렇지만 확률을 구할 때는 변수의 역할을 하기 때문에 확률변수라고 부른다.

확률변수	어떤 시행에서 표본공간의 각 원소에 단 하나의 실수를 대응시키는 관계를 확률변수라고 한다.
이산확률변수 [확률과 통계]	확률변수가 가질 수 있는 값들이 유한개이거나 자연수와 같이 셀 수 있을 때, 이 확률변수를 이산확률변수라고 한다.
연속확률변수 [확률과 통계]	어떤 범위에 속하는 모든 실수의 값을 가지는 확률변수를 연속확률변수라고 한다.

확률변수 X가 어떤 값 x를 가질 확률을 기호로 $\mathrm{P}(X=x)$와 같이 나타내며 이산확률변수 X가 가질 수 있는 값이 x_1, x_2, x_3, $\cdots$, x_n이고 X가 이 값들을 가질 확률이 각각 p_1, p_2, p_3, $\cdots$, p_n일 때, x_1, x_2, x_3, $\cdots$, x_n과 p_1, p_2, p_3, $\cdots$, p_n의 대응 관계를 이산확률변수 X의 확률분포라 하며 표와 그래프로 나타낼 수 있다.

X	x_1	x_2	x_3	$\cdots$	x_n	합계
$\mathrm{P}(X=x_i)$	p_1	p_2	p_3	$\cdots$	p_n	1

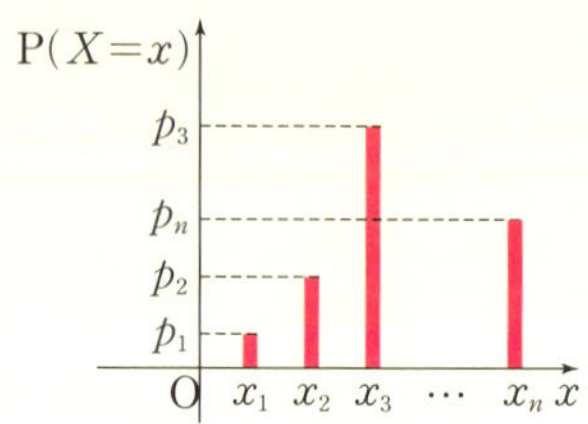

개념 연결

확률분포
확률변수 X가 갖는 값과 X가 이 값을 가질 확률의 대응 관계를 X의 확률분포라고 한다.

이항분포 〔확률과 통계〕
한 번의 시행으로 사건 A가 일어날 확률을 p, 여사건의 확률을 q라 할 때, n번의 독립시행 중 사건 A가 일어나는 횟수 X의 분포가 $_n\mathrm{C}_r p^r q^{n-r}$로 나타나는 확률분포를 이항분포라고 한다.

정규분포 〔확률과 통계〕
실수 전체의 집합에서 정의된 연속확률변수 X의 확률밀도함수가
$$\frac{1}{\sqrt{2\pi}\,\sigma}e^{-\frac{(x-m)^2}{2\sigma^2}}$$
일 때, X의 확률분포를 정규분포라고 한다.

 확률질량함수 확률과 통계

확률변수 X가 어떤 값 x를 가질 확률을 기호로 $\mathrm{P}(X=x)$와 같이 나타내며 이산확률변수 X가 가질 수 있는 값이 x_1, x_2, x_3, $\cdots$, x_n이고 X가 이 값들을 가질 확률이 각각 p_1, p_2, p_3, $\cdots$, p_n일 때, x_1, x_2, x_3, $\cdots$, x_n과 p_1, p_2, p_3, $\cdots$, p_n의 대응 관계를 나타내는 함수 $\mathrm{P}(X=x_i)=p_i\,(i=1,\ 2,\ 3,\ \cdots,\ n)$를 이산확률변수 X의 확률질량함수라고 한다.

이산확률변수
확률과 통계

확률변수가 가질 수 있는 값들이 유한개이거나 자연수와 같이 셀 수 있을 때, 이 확률변수를 이산확률변수라고 한다.

확률질량함수

이산확률변수 X가 가질 수 있는 각 값 x_i에 확률 p_i가 대응되는 관계를 나타내는 함수를 이산확률변수 X의 확률질량함수라고 한다.

확률밀도함수
확률과 통계

연속확률변수 X에서 항상 x축보다 위에 있는 곡선 $f(x)$와 x축으로 둘러싸인 부분의 넓이는 1이고 $\mathrm{P}(a\le x\le b)=\displaystyle\int_a^b f(x)\,dx$를 만족할 때 함수 $f(x)$를 연속확률변수 X의 확률밀도함수라고 한다.

평면도형을 한 직선 l을 축으로 하여 1회전시킬 때 생기는 입체도형을 회전체라 하고, 직선 l을 **회전축**이라고 한다.

직사각형, 직각삼각형, 반원을 막대를 축으로 하여 1회전시키면 각각 원기둥, 원뿔, 구와 같은 입체도형이 생긴다.

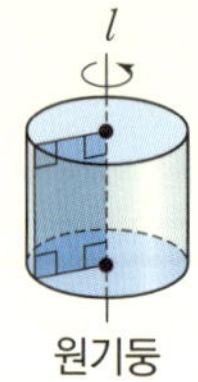
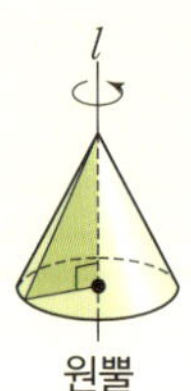
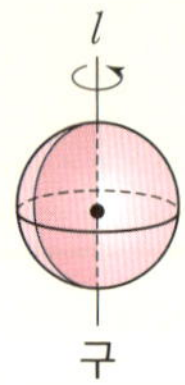

원기둥   원뿔   구

개념 연결

다면체 중1	다각형인 면으로만 둘러싸인 입체도형을 다면체라고 한다.

정다면체 중1	각 면의 모양이 모두 합동인 정다각형이고, 각 꼭짓점에 모인 면의 개수가 같은 다면체를 정다면체라 한다.

회전체	평면도형을 한 직선을 축으로 하여 1회전시킬 때 생기는 입체도형을 회전체라 한다.

도수분포표를 다음 순서로 나타낸 그래프를 히스토그램이라고 한다.

1. 가로축에 각 계급의 양 끝 값을 차례로 표시한다.

2. 세로축에 도수를 차례로 표시한다.

3. 각 계급의 크기를 가로로 하고 도수를 세로로 하는 직사각형을 차례로 그린다.

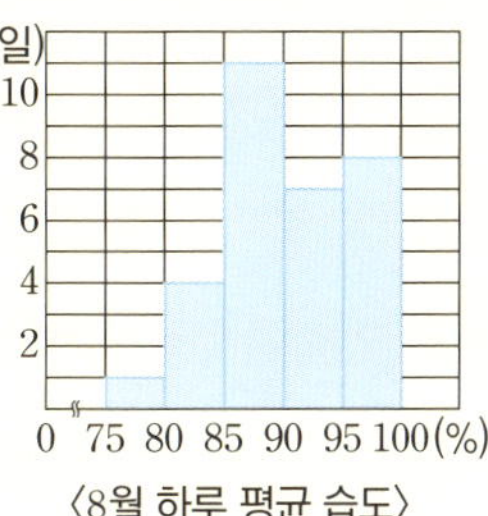

〈8월 하루 평균 습도〉

개념 연결

줄기	잎
13	5 9
14	1 3 6 7
15	6 7 9
16	2 4 9

줄기와 잎 그림 〔중1〕
변량을 줄기와 잎을 이용하여 나타낸 그림을 줄기와 잎 그림이라고 한다.

도수분포표 〔중1〕
자료를 몇 개의 계급으로 나누고 각 계급의 도수를 나타낸 표를 도수분포표라고 한다.

히스토그램
어떤 비교 대상의 양이나 수치 따위의 분포를 그에 비례하는 막대 모양의 도형으로 나타낸 그래프를 히스토그램이라고 한다.

중고등수학 용어사전

최수일·김인경·주지훈 지음

초판 1쇄 발행일 2026년 3월 27일

발행인 | 한상준
편집 | 김민정·손지원·구현경·박성진
디자인 | 김경희·이우현
마케팅 | 이상민·주영상
관리 | 양은진

발행처 | 비아에듀(ViaEducation)
출판등록 | 제313-2007-218호(2007년 11월 2일)
주소 | 서울시 마포구 토정로 222 한국출판콘텐츠센터 211호
전화 | 02-334-6123 전자우편 | crm@viabook.kr
홈페이지 | viabook.kr

ⓒ 최수일·김인경·주지훈, 2026
ISBN 979-11-94348-48-1 43410

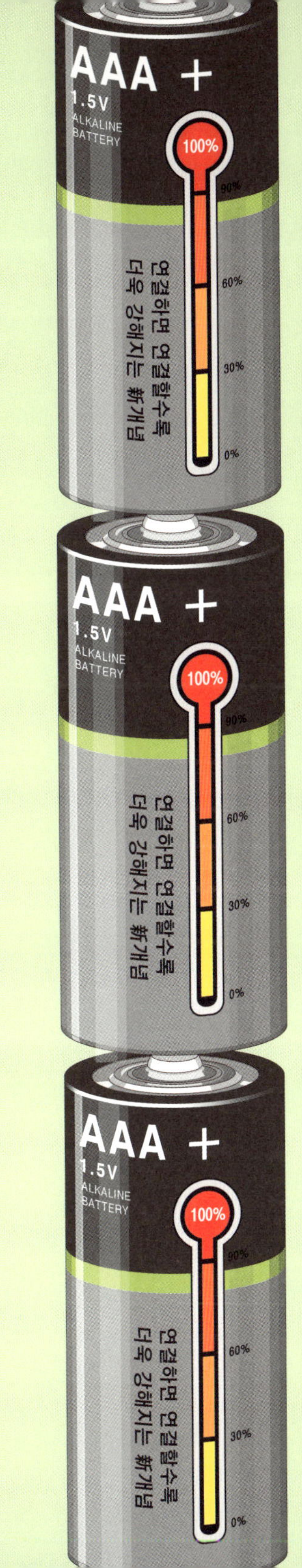
AAA +
1.5V
ALKALINE BATTERY
100%
90%
60%
30%
0%
연결하면 연결할수록 더욱 강해지는 新개념
AAA +
1.5V
ALKALINE BATTERY
100%
90%
60%
30%
0%
연결하면 연결할수록 더욱 강해지는 新개념
AAA +
1.5V
ALKALINE BATTERY
100%
90%
60%
30%
0%
연결하면 연결할수록 더욱 강해지는 新개념

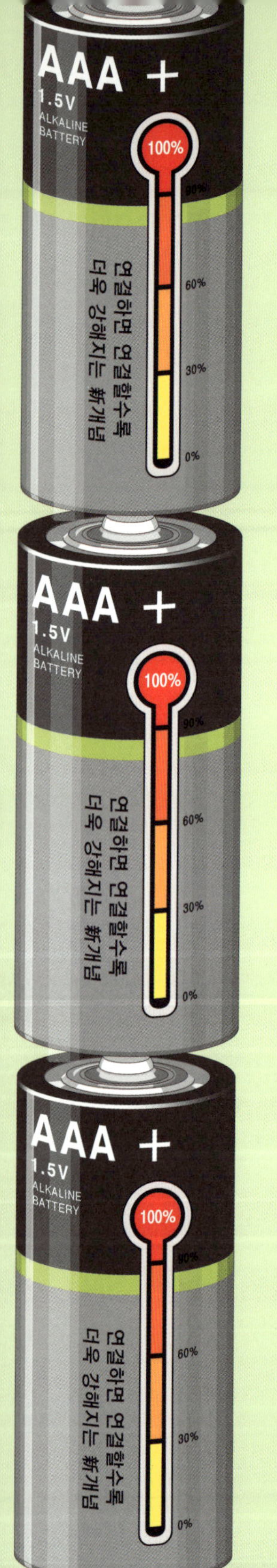

AAA +
1.5V
ALKALINE BATTERY
100%
90%
60%
30%
0%
연결하면 연결할수록 더욱 강해지는 新개념
AAA +
1.5V
ALKALINE BATTERY
100%
90%
60%
30%
0%
연결하면 연결할수록 더욱 강해지는 新개념
AAA +
1.5V
ALKALINE BATTERY
100%
90%
60%
30%
0%
연결하면 연결할수록 더욱 강해지는 新개념

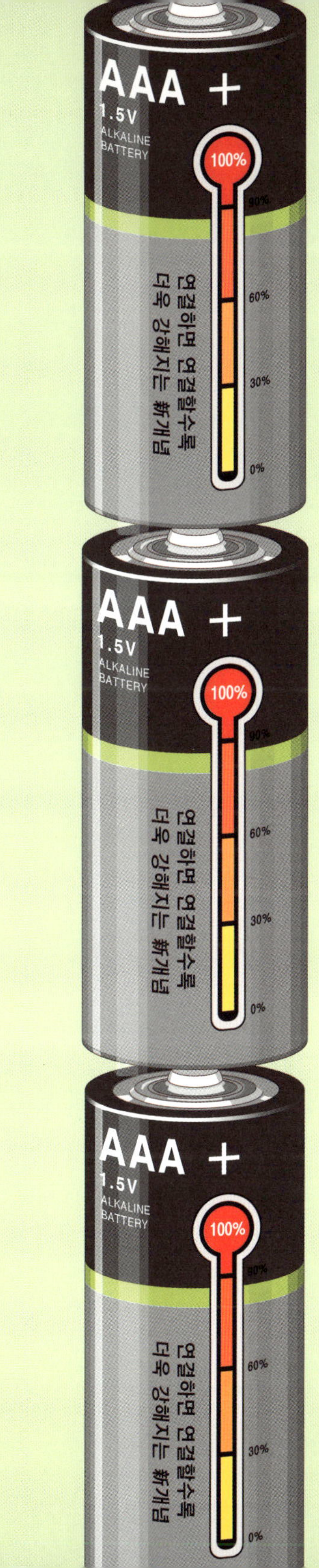

AAA +
1.5V
ALKALINE
BATTERY
100%
90%
60%
30%
0%
연결하면 연결할수록
더욱 강해지는 新개념
AAA +
1.5V
ALKALINE
BATTERY
100%
90%
60%
30%
0%
연결하면 연결할수록
더욱 강해지는 新개념
AAA +
1.5V
ALKALINE
BATTERY
100%
90%
60%
30%
0%
연결하면 연결할수록
더욱 강해지는 新개념

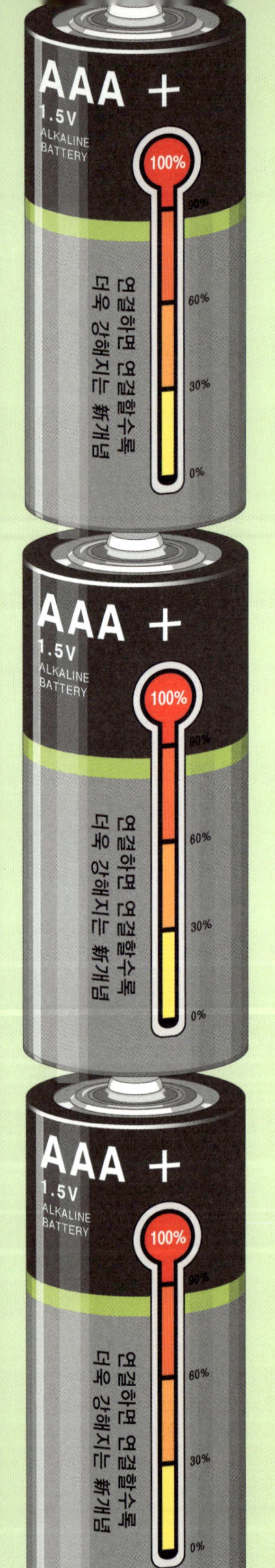

AAA +
1.5V
ALKALINE BATTERY
100%
90%
60%
30%
0%
연결하면 연결할수록
더욱 강해지는 新개념
AAA +
1.5V
ALKALINE BATTERY
100%
90%
60%
30%
0%
연결하면 연결할수록
더욱 강해지는 新개념
AAA +
1.5V
ALKALINE BATTERY
100%
90%
60%
30%
0%
연결하면 연결할수록
더욱 강해지는 新개념